30年后，

你拿什么养活自己 3

운명을 바꾸는 10년 통장:
10년 벌어 50년 산다!

负资产零存款?
工薪族5年内
享一生钱财无忧

【韩】高得诚 著　于淼 译

U0396184

广西科学技术出版社

著作权合同登记号：桂图登字：20-2012-073号

운명을 바꾸는 10 년 통장 10 Years Bankbook

Copyright © 2012 by Go, Deuk-Seong（高得诚）

All rights reserved.

Original Korean edition was published by Dasan Books Co., Ltd.

Simplified Chinese language edition © <first pub.year> by Guangxi Science & Technology Publishing House Ltd.

Simplified Chinese language edition is published by arrangement with Dasan Books Co., Ltd.

图书在版编目（CIP）数据

30年后，你拿什么养活自己3/（韩）高得诚著；于淼译.—南宁：广西科学技术出版社，2014.3（2020.10重印）

ISBN 978-7-5551-0081-2

Ⅰ.①3… Ⅱ.①高… ②于… Ⅲ.①家庭管理—财务管理—通俗读物 Ⅳ.①TS976.15-49

中国版本图书馆CIP数据核字（2013）第280117号

30 NIAN HOU,NI NA SHENME YANGHUO ZIJI 3
30年后，你拿什么养活自己 3

[韩]高得诚 著 于淼 译

责任编辑：张桂宜		版权编辑：尹维娜	
责任校对：张思雯		封面设计：视觉共振设计工作室	
责任印制：高定军		版式设计：谢玉恩	

出版人：卢培钊 　　　　　　　　　　出版发行：广西科学技术出版社
社　址：广西南宁市东葛路66号 　　　邮政编码：530022
电　话：010-53202557（北京）　　　0771-5845660（南宁）
传　真：010-53202554（北京）　　　0771-5878485（南宁）
网　址：http://www.ygxm.cn 　　　　在线阅读：http://www.ygxm.cn
经　销：全国各地新华书店
印　刷：北京中科印刷有限公司
地　址：北京市通州区宋庄工业区1号楼101号 　邮政编码：101118
开　本：880 mm×1240 mm 　1/32
字　数：150千字 　　　　　　　　　　印　张：8
版　次：2014年3月第1版 　　　　　　印　次：2020年10月第17次印刷
书　号：ISBN 978-7-5551-0081-2
定　价：32.00元

中国式养老，钱从何来

钱，每个人似乎都缺钱。

没钱，买不起房子付不起房租；没钱，养不起小孩供不了父母；没钱，看上的衣服、让人心痒的数码新品，那就只能是撒由那拉，想想就算了。

有了钱，不一定能做成什么大事，但是没有钱，最基本的——踏踏实实活到百年，都成了让人特别拧巴的事。

经济学家们算过这样一笔账：从你退休到和这人间挥挥衣袖，到底要多少钱，才能过得舒舒服服？

据凤凰网报道，在 2027 年退休的人，想要舒服地养老，需要 300 万～500 万元的积蓄，至于北上广深等一线城市，则需 1000 万元。

你觉得多？那咱们就来算算账。

假设，退休后你每月的开支为 2000 元，从 60 岁开始退休，按照平均寿命 80 岁计算，那么你退休后的 20 年需要 2000×12×20=48 万元养老金。假如我们以 3% 的通胀计算，还按每月等同 2000 元的购买力来说，你的寿命为 80 岁，如果你现在 30 岁，那么从 30 岁退休到 80 岁，你需要准备 314 万退休金。

更何况，中国恐怕还会经历未富先老的严峻考验，2013年中国老龄委发布消息称，60岁以上老年人口将突破2亿，未来20年平均每年增加1000万老年人，到2050年左右，老年人口将达到全国人口的三分之一。现在，我们的爸妈有我们养，等我们老了，哪里来那么多孩子养我们？

中国式养老，钱从何来？

缺钱的不止中国老百姓。紧挨着我们的韩国，也有同样的问题。

根据2010年的统计，韩国65岁以上老年人口占总人口数的11.3%，也就是说目前韩国已经处于老龄化社会，即65岁以上的人口占总人口的14%；在2026年，韩国很有可能成为超老龄社会，即65岁以上人口比重达20%。韩国金融研究院今年3月份发布的名为《老龄化中的政策和课题》的报告指出，韩国在2050年将成为全球老龄化最严重的国家，韩国人的平均寿命在2050年将达到83.5岁，届时65岁以上人口将占总人口的38.2%。

中韩两国国情相对近似，我们的邻居是怎么应对即将来临的危机的呢？

在这本书里，我看到了一个个活生生的案例：24岁因为爱慕名牌，大手大脚花钱，欠了一屁股债的女白领，是如何利用正确的理财方法，最终拥有百万资产的；35岁投资遭遇滑铁卢，卖了房子，10 年辛苦努力只剩 15 万块的失败者，是如何东山再起，升职又加薪的；45 岁的企业中层人员，是如何利用不多的剩余时间，妥善安排，让自己退休后，过着悠然自得的田园生活的……

他们幸福生活的来源，就是 5 本神奇的存折和"魔法 10 年"的理财方法。

存折？这不是最简单、最没技术含量的理财方法吗？

它同时也是最保险，最受国人欢迎，每一个人都能学会的方法。

从 2009 年第一本《30 年后，你拿什么养活自己？》算起，这个系列已整整走过 5 年的时间，近百万的销量充分说明了，中国老百姓是多么渴望富足的生活、接地气的理财方法。衷心希望，在这个系列走向尾声的最后一本书里，5 本神奇的存折，这种最贴近我们生活、最能让人照搬的方法，能给你带来一生的幸福和富足。

让你的每一步都迈得准、走得稳

《30年后，你拿什么养活自己3》是献给当今社会"必须持有一技之长才能在竞争中生存"的20多岁年轻人、"在面临经济抉择时，更快更准确做出决定才能摆脱危机或者成功"的30多岁的青年人、"面临退休隐患而不知所措"的40～50多岁的中老年人，以及有着以上烦恼的我和我爱的人们。

怎么应对"教育、买房、养老、看病，身无闲钱而刚需刀刀催人老"的状况呢？本书所讲的一切都是围绕着这个问题。针对现在老龄化高速膨胀、物价上涨、国家养老政策不稳定、收入小于开销的现状，我提出了确切的解决方案，就是"改变命运的10年存折"。

10年存折是指把自己的收入制定成多个"默认选项"的强制储蓄系统。给自己所有的存折取个名字，分门别类，在退休、购房、应急、保险、投资五大账户之外，根据需求设立。把收入以不同的比例进行存钱。

在韩国位居畅销书榜首的《推助》一书，其作者理查德·泰勒教授在1990年通过以退休年金用户为调查对象的一项实验证明：仅仅只是制定了几个"默认选项"，被调查的退休年金用户中，就有一半人的储蓄额增加了 3 倍。这实验的结果与"10 年存折"的目的是相通的。在被无数的诱惑因素吸引，花掉所有的钱之前，先开启"把钱存进存折"的默认选项。从现在开始，为自己的人生设定几个存钱的目标，就能轻松享受钱财无忧的生活。

那么为什么是 10 年呢？因为从现在开始往后的 10 年是最重要的。如果你 20 出头，从现在开始有 40 年的时间来存钱，30 多岁的话可以存 30 年，40 多岁的话可以存 20 年。从现在开始以物理性时间概念来思考"10 年"这一数字，那么就可以简单地判断出对 20 多岁的人来说这"10 年"就是总体可储蓄时间的 1/4，对 30 多岁的人来说就是 1/3，对 40 多岁的人来说就是 1/2。但是上面的计算忽略了复利，因为我们的人生与金钱的关系并不是投入与产出的简单的一次函数关系，而是与适用于复利计算的指数函数相类似的。可储蓄时间中第一个 10 年所占的比重是决定未来的原动力，比其他时期的价值要高出近一倍。因此，在此恳请你们不要错过"从现在开始往后的 10 年"，运用"10 年存折"的方式为未来做准备吧，让你的每一步都迈得准、走得稳，乐享财富人生。

名词解释

传贳金

传贳（shi）中的"贳"是"出租、借出"的意思。"传贳"是一个经济学名词，是韩国特有的物权／债权制度。简单地说，就是房客在签约入住前交给房东一定额度的押金（传贳金），合同期内不需再向房东交纳任何房租。合同期满后，房东则将全部押金返还给房客。传贳合同一般每两年一个周期，双方可协议续签。一般来说，传贳金为合同标的房产价格的 60%～70%。

韩屋

韩国一种传统的建筑，用树木、泥、石、稻草、瓦和纸建成的自然房屋。

复利

是一种计算利息的方法。按照这种方法，利息除了会根据本金计算外，新得到的利息同样可以生息，因此俗称"利滚利"。

负贷款账户

银行贷款方式的一种，就是给普通账户设置了负资产业务，在一定金额范围内可随时提取的贷款制度。与普通账户一样可以随时提取现金。

注：为了阅读方便，本书所有货币单位都换算成了人民币，但物价及经济水平同韩国。

挣钱的人越来越少
用钱的人越来越多

2022 年新年的早晨，挂在首尔光华门十字路口的巨型 LED 屏上出现了"充满希望的新一年到来了！"的鲜红字样。而后紧跟着这样一段话："2022 年每 5 名 15 岁以上的人口中就有 1 名是老人；人口的平均寿命已经超过了 90 岁，请享受 100 岁时代吧！"

韩国于 2000 年进入了老龄化社会。22 年之后的今天，老龄人口已经超过总人口的 17%，并且正快速地从高龄社会向着超高龄社会转变。像这样老年人口迅速增长的国家，在历史上还从未有过。

从高龄社会转化为超高龄社会法国用了 150 年，英国、德国和美国用了 70～90 年的时间，从国家的角度和立场来看，它们有着充分的应对准备时间。在以世界上最长寿的国家而闻名的日本，跨入超高龄社会阶段也用了 36 年的时间。但是，韩国居然比日本还少了 10 年，仅用了 26 年就进入了超高龄社会阶段，成为全世界老龄化速度最快的国家。

现在韩国已经进入了"老人共和国"的行列，与青年人相比老年人不经常消费；另外，与青年人为了日后做投资相比，老年人更注重保护自我。与 10 年前相比，韩国消费减少了 40%；并且多个产业群的增长率急速下降，更为雪上加霜的是地方税收骤减，国家财政状况越来越糟。

街道、体育中心、公园，不管去哪里到处都是老人，从表情可以看出，他们并不愉快。与享受"100 岁时代"的口号相反，长命百岁对他们而言不是福而是祸。

而年轻人的表情也近乎抑郁，不论是在社会上还是在家里，都面临着"挣钱的人越来越少，用钱的人越来越多"的局面，生存是一天比一天艰难，难怪年轻人要露出郁闷的表情。

难道没有能够让人们幸福地享受"100 岁时代"的方法吗？现在就让我们通过一个 39 岁，事业正处于鼎盛期，上有老下有小，收入小于开销的电视台制片人的事例，来寻找答案。

目录

Part 1

上有老下有小，压力比山大

39 岁的经济文盲，收入小于开销

——年龄不是问题，意识决定成败

退休年龄无奈返聘

——投资教育大失败，老无所依

Part 2

魔法存折，颠覆三段人生

35 岁投资失败者东山再起

——看清高收益，避免反复投资

透支女王，29 岁坐拥百万资产

——分门别类的 20 多种理财项目救了自己

无房零存款年过半百，挣 460 万的秘诀

——"80 减年龄"投资法，收益更稳健

Part 3

挣得少也能活得好的秘诀

《魔法十年之从那以后》

——设立自动转存，存折为未来保驾护航

经济文盲开始了他的魔法 10 年

——先分析自身经济弊端，再建账户

Part 4

魔法集锦，
用数字证明存折的魔法

存折之诀窍：集中于五大核心财产

附录

30 年后，你拿这些理财秘诀养活自己

Part 1

上有老下有小，
压力比山大

10 Years
Bankbook

39 岁的经济文盲，收入小于开销

——年龄不是问题，意识决定成败

上有慈爱双亲，下有天真幼子，乐观来讲是天伦之乐，现实来说却是莫大的开销。从医疗费、教育费到生活大小开销，笔笔触目惊心！从 20 多岁结婚起到 40 多岁孩子毕业，拼了命地工作挣钱养家、养孩子、养老人，然后孩子大了，老人走了，你却老了！

谁为你养老？国家养老金缺口不断扩大，孩子结婚、买房、生子不啃老就万幸。年迈的你如何生存？

每月上缴收入的 40%，
30 年后仍然没钱养老

　　我叫金诚东，电视台制片人，今年 39 岁，不知不觉已经在电视台工作 10 年了。这些年一直负责文化类节目的制作，凭借 10 年间工作所积累的经验，怎么说我也算是这个领域的专业人士了。但是，我最近日夜备受煎熬，因为两个月前突然接到了转入经济部的调令。这个消息对我来说，简直就是晴天霹雳！一直都对经济形势漠不关心的我，自从被调来经济部门后，就再也没有一天过得安稳，每天都在垂死挣扎。由于对经济类术语一无所知，导致策划经济类节目本身对我而言就是一个极大的挑战。除此之外，每天还要以敏捷的思维去应对瞬息万变的经济状况，以上种种都让我手忙脚乱、身心疲惫。

　　今天我依旧像往常一样双眉紧锁地坐在电视台的编辑室里，绷紧神经地观看三天前录制的一档节目。这期节目是以

"观察年金①财政中的问题点"为主题，围绕着国民年金和公务员年金、健康保险等诸多点，利害关系人作为辩论者，进行讨论。

"反对年金改革法案的劳动者和公务员们连日走上街头游行示威，昨天示威的队伍和警察发生了对峙，两方甚至还发生了短暂的肢体冲突。这些人之所以示威游行，是因为政府决定将公务员年金与国民年金合并。政府对于公务员年金亏损 2011 亿元的情况再也不能坐视不管，宣布要将公务员年金并入国民年金，公务员们则认为自身的利益受到了损害，因而提出抗议②。两者合并后，国民年金费用所占比例应由原来的 11% 上涨到 13%，但因普通劳动者费用比例无法上调，导致广大劳动者举起反对的旗帜。好！现在向辩论者提问。李教授，您认为导致年金财政问题浮出水面的原因是什么？"

主持人以有些过于激昂的声音向辩论者提出问题。

紧接着就是一位辩论者的答辩。

"问题的核心是人口老龄化。人口学家颇尔·华莱士说过，老龄化给社会带来的冲击就好比地震，这种'人口大地震'的冲击强度相当于地震强度级别中的里氏 9.0 级。战后

①年金源自自由市场经济比较发达的国家，是一种属于企业雇主自愿建立的员工福利计划。即由企业退休金计划提供的养老金，与社会保险中的养老保险并列。其实质是以延期支付方式存在的职工劳动报酬的一部分或者是职工分享企业利润的一部分。

②由于政府税款补贴和较高的缴纳基数，韩国公务员退休后领取的养老年金是普通人领取的 2.6 倍，这种非正常的支付结构造成每年数亿万韩元的亏损。

生育高峰期（1955～1963 年）的最后一年出生的人士的退休，预示着'人口大地震'的开始。10 年前我国 65 岁以上的老人只有 520 万，而到 2022 年的今天，你们知道老龄人口的数量有多少吗？已经超过了 830 万，即我国人口总数中的 17% 以上是老年人。换句话说，等着拿养老金的人数在突飞猛进地增长着，而缴纳社会保险费的人数却越来越少。因此，如何行之有效地减少年金财政赤字将会是越来越棘手的问题。"

我看着录像画面，突然想起了今天发的工资。

"这么一来，要从我的工资里扣掉更多的税吗？"

从工资单上来看，与 2012 年刚进入电视台的工资相比，10 年后今天的工资在扣除国民年金、健康保险等各种税费之前和之后，金额上有着相当大的差异。扣掉所有税，最后到我手里的工资只不过是税前的 60% 而已。

"也就是说，我从每个月的工资中足足要拿出 40% 作为税费上交给国家，可是国家不能保证我退休以后的养老金可以满足老年生活所需，对吗？"

除了因为养老金的缺口这么大，政府却没有做出任何应对措施而感到气愤外，我又对这些年来，自己没为未来做任何准备感到心寒，因而觉得非常郁闷。另外，忽然又想到下班之前收到的信用贷款到期通知邮件，更是惴惴不安。去年差不多也是这个时候，为了凑母亲的手术费，向银行申请了信用贷款，还贷的期限是下周。眼看还款日越来越近了，一股莫名的压迫感向我袭来。"本来经济就紧张，拆了东墙补西墙，这贷款要怎么还啊？"一想到这个，眼前一片漆黑，瞬间觉得世界都塌了。

我坐在椅子上愣愣地发了一会儿呆，好不容易整理好心情，结束了节目剪辑的工作。可是，在回家的路上，其中一名辩论者的一席话始终在我耳边回响。

"我国整体医疗费用支出中，有差不多一半是老年人的医疗费用。这个比例在 10 年前才只是 30% 而已，这就是为什么近10年来年轻人缴纳的健康保险费持续上涨的原因。但是，政府到现在也没有找到解决深陷老龄化泥潭的健康保险赤字的方法。"

离职妻子和患病父母的矛盾升级

　　为了保证节目播出的质量，我经常会通宵工作，又要考虑如何延长贷款期限，搞得自己精疲力尽，脑子里一片混沌。今天什么也不愿再想，只希望能好好休息一下，于是正点下班回家。

　　谁知，一进门就听到了妻子发脾气的声音。妻子不耐烦地与一个快递员争辩，空气中弥漫着无奈的气息。

　　"什么？您说这么贵的中药浓缩液是我公公买的？不可能！您等一下。爸，您出来一下！"

　　我看到有些驼背的父亲从卧室出来，走进客厅。

　　妻子问："这药真的是您买的吗？"

　　"太太，是这老先生交了定金并要求送货上门的，要不我们怎么知道送货地址和联系电话呢，您就快点把余款付了吧。我还有其他客户需要去拜访呢！"快递员趁机插话。

　　父亲什么话也不说地站在一边，妻子无奈，掏出信用卡支付了余下的药钱。快递员走后，我下意识地对父亲说了让我十分后悔的话。

"爸，您也知道咱家最近的情况不太好，妈妈的医疗费已经是东拼西凑了，好不容易才交上孩子们的补习班费……"

也许是我的话让他觉得在儿媳妇面前很没面子，原本默不作声的父亲勃然大怒："臭小子，你上学的时候喊累，爸爸给你买了多少补品啊，没想到现在你居然这么对我。20多年来供你读书我没抱怨过一句！我是因为严重的神经痛，连觉都睡不着，才去买中药喝的。都说养儿能防老，买点药都得看脸色，这是想气死我啊！"

"谁说舍不得让您喝了？这不是因为家里条件不好，才跟您说的嘛。而且，孩子他妈每天辛辛苦苦地照顾着病情反复的妈妈，甚至还辞了工作，就这些已经让我很对不起她了啊！"我委屈地分辩。

妻子见事态越来越严重，便站出来平息我和父亲的争吵。

"对不起，爸，您消消气。孩子他爸最近太累了，还请您多体谅他的难处。从明天开始，每天早上我给您热药。"

"我就是活得太久了，平白无故招惹是非，唉……"

父亲脸色黯淡地说完这句让人倍感凄凉的话，有气无力地走进了卧室。

和父母在一起生活是从一年前开始的。15年前，父亲从国营企业正式退休，一开始父母的生活还算小康水平。但是，两年前大哥的生意急需资金，便用父母的房子做抵押担保，贷款了115万，结果到期了却还不上，从此父母的晚年计划泡汤。

最终只能卖了房子抵债，搬进了以传贳方式租来的小型公寓里。

谁知就连父亲的退休金也被大哥借走做投资证券了，结果损失惨重，大哥赔了夫人又折兵，父母没了房子也没了退休金。因此，父母与大哥的矛盾僵化到了不可调和的地步。

直到一年前的一天，父亲给我打来电话。

"最近怎么样？"

"还好，您最近也挺好的吧？"

"……你妈住院了，已经住半个月了，有时间来看看吧，已经好了很多。"

母亲住院有半个月了，我却不知道这件事！

自责与担心一股脑地涌上头来，什么也干不下去，索性请了假，带着妻子孩子奔向了医院。8人间的病房里，站满了病人家属，狭小的空间更是熙熙攘攘，当我看到躺在病床上的母亲时，愧疚感油然而生。母亲像是知道我的想法，用灿烂的笑容迎接我。

为什么到现在才告诉我母亲住院的事情呢？一路上这个

疑问一直在我心里盘旋。

直到父亲和我一起走出病房，将一张纸递到我面前说："我本想自己解决的，但是差太多……"

那张纸是医院的费用单，一直压在我心上的疑问终于有了答案。是因为父亲不想再给我增加负担。

看着费用单我一屁股瘫坐在长椅上。原来父亲是接到了医院的通知单：如果不进行中间费用结算的话，就不能再继续接受治疗了。半个月的住院费是 14368 元，之后还需要再住院治疗半个月左右，另外出院后还要继续接受几个月的定期治疗。往后就只剩下大把大把地花钱了。

"您别担心，我会想办法的。"无论如何，我也要安慰年迈的父亲。

从那以后，我担心的越来越多。母亲的医疗费增加到了 3 万元，需要我抚养的家人又多了两名。而且父母都已经 70 多岁了，往后需要用钱的地方只会多不会少。

如果有一天辛辛苦苦攒的钱全部不翼而飞，而人又病倒了……到了这个境地，生活该如何是好呢？

父亲走进卧室后，我两腿一软，瘫坐在沙发上。想起了这两天一直在剪辑的节目内容，控制不住、一直在增加的老年人医疗费问题，正是现在我家所面临的问题。

再这样毫无对策地生活下去，我和我的家庭就完蛋了。

家里的事情好像是电视节目的延长篇。看着愤懑又无奈、耷拉着肩膀走进卧室的父亲，想到若我老了以后要怎么办，想想都后怕。

　　刚才对父亲口不择言的愧疚感，加上连日来通宵达旦工作的疲惫感一股脑涌上来，我慢慢地闭上了眼睛，陷入沉睡。

一夜之间，
资深制片人孤苦无依

感觉有什么东西在脖子上爬来爬去，用手一摸，竟然是一只蟑螂。吓得打了个冷战，赶紧丢出去，并站起来环顾了一下四周。

呃，这是哪儿？

在这个 7 平方米左右的空间里，一个角落里堆满了衣物，另一头放着乱七八糟的厨房用具；墙上布满了斑驳的污渍。低头看到自己的手，不禁打了个冷战：这是一双年过 80 岁的老人的手，皱皱巴巴、青筋突显，还长满了老年斑。

这到底是怎么回事？

为了搞清楚状况，我打开门走出去，看到的是一条又窄又长的走廊，昏暗且散发着霉变的味道。周围没有一丝动静，直到走廊的尽头，才看到通向外面的门。这时我才恍然大悟，原来我是在格子间里（无儿无女老人寄居的简陋场所）。院子的一角聚集着晒太阳的老人们，看起来都像是独居老人。

正在环顾四周的时候，与我四目相对的一个老人一边走向我一边说："金制片，您没事儿吧？昨天一定累坏了。"

老人熟络的语气像是我的朋友，可是我实在无法理解现在的状况，于是问道："老先生，您认识我吗？"周围的老人闻言，一个个愣愣地看着我。从他们的眼神里我看到了呼之欲出的同情。

一个老人说："喂，现在就已经振作不起来是不行的，往后的日子还长着呢，这样下去怎么过啊？节哀吧。"

随后另一位白发老太太说："对我们来说，你是值得信赖、能够依靠的坚实后盾，太太去世了就这么提不起精神来可不行，金制片！死去的太太如果看到你这样也会担心的，不是吗？"

死去的太太？这到底是怎么回事？我的腿提不起劲，甚至还不停地抖。与疲惫不堪时的感觉完全不一样，这是对眼前事物的恐惧。

"是不是有什么误会？你们都认识我，我怎么不认识你们呢？"院子里的老人们都咂着嘴，一人一句说开了。最先跟我搭讪的老人，拍着我的肩膀安慰道："看来受的打击不小啊。也难怪如此，相依为命、形影不离的太太去世了，现在就剩自己一个人勉强度日了。"

"是啊，太太去世前就疾病缠身了，却还是那么担心丈夫以后的生活……"

老太太终于忍不住擦了擦眼角的泪水，好像跟妻子关系很密切似的。

她走到我面前，紧紧地握住我的手，再三叮嘱着："不能放弃生活啊！太太下葬还不到一天，你就已经分不清东南西北了，这往后的日子要怎么过呀！一定要挺住啊！"

我感到莫名其妙，直射在头顶的阳光分明是暖乎乎的，用手掐脸的感觉也很真实，但皮肤的触感已不如当年。我慌慌张张地冲向厕所，寻找镜子。厕所门上挂的日历写的竟然是 2065 年！镜子里映出的是一位带着惊恐表情、白发苍苍、瘦骨嶙峋的老人。

我刚刚分明是坐在客厅的沙发上啊，怎么突然就变成了白发苍苍的老人呢，还是生活在独居老人们聚集的格子间里？更令人意想不到的竟然是昨天才安葬了去世的妻子，这些都是什么乱七八糟的事啊。为了更深入地了解眼前的情况，我拖着无力的身躯跟跟跄跄地向院子走去。

"各位，我还没能从打击中回过神来，眼前的情况到底是怎么回事，我完全无法理解。谁能告诉我，我为什么会在这里啊？"

儿子投资失败，父亲承担苦果

　　我分不清这一切是梦还是现实，但我以老年人的面貌生活在独居老人安住的格子间里是活生生的事实，这到底是怎么回事？一定要找出原因。

　　刚才跟我搭讪的老人示意我坐到他旁边的椅子上，说："我非常能理解你现在的心情，过去的几个月里你承受了太多的变故，也难怪你会如此迷茫。先喝口茶润润嗓子，镇定一下吧。人这一生啊，有些事情不知道不见得是坏事，但是看你那么难受，我还是告诉你吧！"

　　"3 年前，你一个人带着行李住到了格子间，你妻子在儿子家里帮着料理家务和带孙子，可是你儿子和儿媳妇对你妻子并不好，不仅冷言冷语，还限制她的零花钱。唉，你妻子实在受不了了，半年后，这才搬出来跟你一起住，与我们这些没儿没女的老人一起生活。"

　　老人的每一句话都像匕首一样刺进我心里，让我感到无法呼吸。愤怒涌上头顶涨红了脸，让我坐不住。

"我儿子到底对我做了什么？"

旁边的老太太插嘴说："儿女都是父母上辈子的仇人啊。你儿子把你的房子做了贷款抵押，把你的养老金用来投资了，结果生意黄了，你们老两口房子没了，养老金也没了，你辛苦一辈子，结果一无所有了。可是，儿媳妇不愿跟你们一起住在狭小的月租房里，所以对你们百般刁难。你一怒之下就搬来了这里。谁知，你妻子病了，儿子儿媳非但不伺候，连医疗费都不出，于是，你生病的妻子也离开了他们。"

不用再继续听下去，我已经全明白了。

曾经的我，有一份令人羡慕的工作，有一个幸福美满的家庭，有一个体贴贤惠的妻子；而现在的我，从电视台经济节目的制片人变成了一无所有的独居老人，没有儿女依靠，没有房子居住，就连相伴一生的妻子也没能体面地发送。我是一个人生的失败者，一个一无所有、落魄至极的失败者。

突然想到父亲，因为大哥投资的失败而损失了所有的养老金，不仅要承受巨额的医疗费，还得面对儿子的冷言冷语，那时候父亲的处境就和现在的我一样吧？

"唉，人的一生很难预料，稍微一个不注意，就会一无所有啊！"身边的老人做了最后总结。

阳光炙烤在身上，心头有一股热气不断上涌，似乎欲喷薄而出，突然，身边的老人们一个个向我走来。慢慢走向我，老人们如同恐怖电影里的僵尸一般，让人害怕。我站起来跑向格子间，出于本能想先找一个藏身之地。追来的老人们身体逐渐膨大，脸变得越来越恐怖，还发出各种怪叫，我渐渐地被他们包围……

"啊！救命啊！"突然腿部一阵剧痛袭来，再也跑不动了，难道我要被独居老人们杀死吗？怎么办？怎么办？

"嗵！"

我被遥控器掉在地上的声音惊醒。原来我看电视时在沙发上睡着了，直到手里紧攥的遥控器掉在地上才醒过来。

刚才只是一场梦吗？还是我一直对此心怀恐惧呢？

想到这里，才发现即使是在似醒非醒的状态下，我也对目前的处境感到很不安。如果还像现在这样不为以后做些准备的话，那么就真的会成为梦中的独居老人，或是重蹈父亲的覆辙。这个梦让我坐立难安，如果说是因为调到经济部后制作的那些节目动摇了我的话，那么之前所发生的一连串事件和这个梦，更是让我幡然醒悟，必须要彻底改善现在这样糟糕的经济状况。

天空泛出一丝鱼肚白，灿烂的朝霞也一点点爬了上来。我起身走向窗边，看到清晨的阳光慢慢照亮街道，压在心头的大石头像是被挪开了一样，我长长地出了一口气。

死在街头的白领精英

我一改往日的作息时间，比平时提前到达电视台。以前因为熬夜的关系，基本上每天都是快 11 点了才来上班，不知道是不是昨晚那场梦的缘故，今天特别想早点来上班。

坐在电视台的咖啡店里，一边喝着美式咖啡一边阅读今天的晨报。自两年前经济不景气开始，报纸上都是以失业、破产和自治团体延缓交纳税款等新闻为主。今天的报纸上登载了一名白领出身的露宿者的遗书，是一封写给他朋友的信。

放在平时，肯定会觉得这些与我无关，就一掠而过了，但是今天这条新闻吸引了我的眼球，我仔细阅读起来。

NEWS

　　你也知道，在过去的 20 年里，咱们国家的经济状况还不错，因为我的年薪丰厚，一直被别人羡慕。30 岁出头我就结了婚，与妻子尽情地享受生活，之后有了两个孩子。

　　孩子们一天天长大，需要大一点的房子。于是我们用多年来仅有的那么一点存款，加上申请的最高上限的贷款买了房子，本以为是幸福的开始，谁知，这竟成了所有不幸的源泉。日后的很长一段时间，我们不亦乐乎地采购新房子所需的各种家电，忙着请朋友们来新家做客，随后又换了一辆性能更好的汽车。毋庸置疑，这些费用全部是用信用卡和贷款来解决的，说白了就是"今天的问题还是留到明天再解决"的生活态度。

　　可是，幸福的时光似乎并没有想象中的那么长，在我 45 岁的时候问题开始层出不穷。还不上本金的贷款和贷款利息越来越多，本以为会上涨的房价却跌得一天比一天低，迟早要爆发的经济危机随着泡沫经济的破灭开始了。贷款到期日渐渐逼近，银行分秒不差地打来催款电话，担保的比率一再下跌，必须赶紧偿还本金；再加上，手里的股票已经跌入谷底，不知道还会不会再跌；都说屋漏偏逢连夜雨，公司说要人事调整，搞得整个公司气氛很诡异。

这一连串的打击，让我手足无措，每天神情恍惚。结果，我在这次人事调动中被裁员了，之后的一年里我到处应聘，却没能找到一份心仪的工作。没办法，只好把退休金拿出来做生意，结果连本带利赔光了。直到最后连房租都付不起了，妻子儿女生活得很辛苦，于是妻子带着孩子离开了我，从此我就成了街头的露宿者。

虽然我是一个逃避现实又不负责任的露宿者，但我的家人始终是我的一块心病，我非常担心他们。

尽管我没脸再说这样的话，但我还是要拜托你。当你看到这封信的时候，我应该已经不在人世了，请你务必找到我的家人替我转告他们，不要像我一样今日有酒今朝醉地活着，为了自己和家人的未来一定要好好制定计划，并有条不紊地去实践。另外，还有一件事要拜托你，告诉我的孩子和与他同龄的孩子们，年轻的时候不要追求过度消费和高于收入的生活，不要欠下债务；不要像我这样被挥金如土般的过度消费的风气所污染，愚蠢地度过一生。

看着报纸，我心怦怦直跳，这不是在讲述别人的故事，而是自己的真实写照呀。正黯然神伤担心着自己的未来时，有人拍了拍我的肩膀。

"在看什么新闻看得那么认真，叫你都不应声。今天这是怎么了，来得这么早？"

原来是罗荷娜制片，站在她旁边的吴洙云制片也盯着我看。

"吓我一跳！"我定了定神，赶忙放下报纸，喊了起来。

"有什么可怕的？难道是背着我们想出了什么好点子吗？"

我和吴洙云、罗荷娜是同期进电视台的。两个月前，人事调动，吴洙云从经济部调去了文化部，而我则作为他的继任者负责经济节目的制作；老处女罗荷娜从进入电视台开始到现在一直都任职于经济部，可谓是经济部土生土长的老人。

"真是人生难测啊！你们看这个新闻了吗？一个原本任职于大企业，最后却沦为露宿者的人写给朋友的遗书！"

"那个新闻啊，昨天在我负责的时事广播节目里就播过了，真是一件让人觉得遗憾的事，听众们的反响也相当强烈。"

吴洙云制片惋惜地说。

"最近经济不景气，通货膨胀愈演愈烈，失业率不断上升，社会安定都开始被动摇了，这样的新闻随处可见。这是经济不景气导致的个人经济问题，所以人们渐渐地对'在动荡的未来怎样才能有稳定的生活'这一问题的关注度日益上升。上个月，经济部的领导下达给金制片的节目主题貌似就是从这个视角出发的。怎么样，金制片，准备得如何了？"

正如罗荷娜所说的，被调来经济部后，领导给我的最大任务就是策划出一期"给那些因未来不可预见而苦恼的普通市民带来希望"的经济特辑节目。

我无奈地摊摊手，说："之前，我一直认为，老龄化社会的养老金储备和老人医疗费问题仅仅是社会中的热点话题而已，跟我没有一点关系；可是，前两天做节目的过程中，我恍然大悟，这并不只是别人的问题，也切切实实地关乎着自己。这个时代不容乐观，如果不好好规划未来，就会像刚刚新闻上的露宿者一样，不光把自己，甚至也可能把家人推进不幸的深渊，但是应该策划出一个什么样的节目，我实在是毫无头绪啊。"

在与二人聊天的同时，昨晚梦中自己变成独居老人的样子和报纸上露宿者的境况在脑海里重叠在了一起，搅得我心神不宁。

"金制片，你之前对经济毫不关心啊，来了经济部以后怎么变了？还记不记得 10 年前，入职培训的最后一天，权赫世局长要把你拉进经济部门？你说自己是经济文盲，很坚决地拒绝了局长。那时候我想你太幼稚了，竟敢一口拒绝制片局大前辈的提议。"

吴洙云调侃我说。想起过去那些事，反而让现在的我更加为难，我带着不愿旧事重提的表情说："我也是在一点点地现实起来，如果不想以后给子女带来沉重负担的话，现在开始就得努力做准备了。因此，我希望通过这个项目，能够为因动荡的未来而揪心的普通市民们，呵呵，当然也包括我，提出具有实践性、现实性的应对方案。"

理财存侥幸，
工作家庭不如意

正当我们聊得入神，一个声音突然插了进来："大家都很悠闲啊，还有时间在这里聊天，我这几天日夜念叨得嘴唇都长茧子的活儿都干完了？不会告诉我都忘了吧？"

原来是干什么都不如意的道英度次长，他已经连续好几天追着制片人索要外包企业的签约报告书了。他的脸上总是挂着不满的表情，所以大家都偷偷地叫他"道不满"。道次长今年58岁，1992年入职，50岁出头退了休，谁知，两年前又以合同工的形式被返聘回来重新上班。到了这个年龄还留在电视台里的人，除了道次长以外，就只有今晚即将要举办退休仪式的经济部局长权赫世了。

权赫世局长离开单位后，道次长就成了电视台里唯一的老人了。两个人同期入职，权局长入职后节节高升，过着安安稳稳的生活，最后要光荣退休了。而再次工作的道次长却成了权局长工作生活一帆风顺的见证者。

实际上，10年前道次长在电视台还是一名风云人物呢，具有良好的学历和家庭背景，工作积极主动，为人随和，很被局里领导看重。可是，我工作的这10年间，所看到的却是道次长一直在电视台里做着辅助工作，辗转于各个部门之间。最后在6年前的电视台大裁员中被波及，成为了名誉退休的一员。表面上说是名誉退休，实际上就是半强制性人事调动的受害者，被强迫退休。之后他以合同工的形式再次回到了电视台，工资却连正式员工薪水的一半都不到，不超过1.5万元，其具体的工作内容就是维持与外包企业的合同关系。虽然现在他已经没有职位了，但电视台的同事们还是称呼他退休前的次长称谓。尽管从年纪和入职时间上来看，道次长都是前辈，但就其现在的合同工身份来说，他已经没有了给后辈制片人下达命令的权力了。

　　所有人都不明白道次长为什么还要再回来，在后辈们的白眼中工作。再加上，道次长总是一脸的抑郁和焦躁，不带一丝笑意，大家都很忌讳靠近他，不愿与他多接触。

　　道次长纠缠了我们三个人好半天，才走出经济部的大门。他走后我们不自觉地拿他与权局长做起了比较。

成立在退休仪式上
的新公司

"最初我们刚刚入职的时候，道次长和权局长在工作上几乎没有差别，不知道后来怎么就变成这样了。"比起嘟嘟囔囔发牢骚的我来说，罗荷娜直接说出了心中的疑问。

"行了，别再提道次长了。哎哟！一看到道次长什么心情都没了。同志们啊，知道今天是什么日子吗，是我们进入电视台工作 10 周年的纪念日啊！"

吴洙云为了舒缓平时看道次长就不顺眼的罗荷娜的心情，着急地改变了话题。因为罗荷娜一旦开始尖锐刻薄的评论，就会没完没了。

罗荷娜笑笑说："这样啊，都已经 10 年啦，时间过得真快！找个环境好点的地方，今天我请客，OK？"

吴洙云和我互看一眼，表示诧异，难道是我们听错了？被称为"葛朗台"的罗荷娜平时小气极了，今天竟然主动说要请客，真是太阳从西边出来了。

我不由问道："呃，小气鬼！发财了？"

罗荷娜露出狡猾的笑容，得意洋洋地回答道："呵呵呵！其实是权局长邀请我们去参加他的退休仪式。"

"我就说吧！"我们露出一副原来如此的表情。

昨天和今天听到的都是关于养老和退休的话题，不知怎的心情有些古怪。就好像是我若再不认真考虑退休和养老的问题，就会遭遇不幸的事。

下班后，我们集体去参加权局长的退休仪式。权赫世局长出生于1963年，今年60岁。退休仪式选取的场地很有格调，气氛也很平和。

权局长不仅是电视台里备受尊敬的职场上司，还是一名从没过失误的沉稳的社会人士。对妻子而言他是个体贴有担当的丈夫，对子女们而言，他是一个负责任慈爱的父亲，为整个家庭撑起了一片天。

30年如一日地坚守在自己的岗位上，权局长得到了电视台的高度认可，台里专门为他准备了特别的退休仪式。对他个人而言，这也将是一个非常有意义的退休仪式。

仪式中穿插播放着权局长在过去30年中在电视台里完成的工作、职业生涯的发展，以及往日工作中记录下来的影像。最后权局长起身走上了台，致辞。

他说："首先感谢今天来参加我退休仪式的各位。也许大家都觉得这只是一个很平常的退休仪式，但实际上，与这个退休仪式相比，今天对我来说还有着更重大的意义。因为今天将是我开启新生活的第一天。"

退休是新生活开始的第一天？他的一席话，让在座的所有人都瞪大了眼睛等着听下文。

权局长接着说道："我觉得退休只不过是我人生的中场休息，剩下的一半人生将从今天开始。我期盼着今天的到来已经很久了！"

开始有人走上台，他们看起来都不陌生，原来都是我们电视台出身的制片人。其中一位是曾任理事，几年前才退休的郑浩镇。他们走上台，站在权赫世局长旁边，台下的气氛开始沸腾起来。

"你们一定在猜想，这些人为什么要站到台上来呢，还是在我的退休仪式上？因为今天不仅仅是权赫世的退休仪式，更是权赫世全新人生的出发仪式！我在这里郑重宣布，权＆郑公司成立了！权＆郑公司从10年前就开始筹备了，以后将作为专业电视节目企划、营销和预算的咨询公司运作起来。"

话音刚落，场内便响起了掌声。从众人的表情可以看出，所有人都为权局长新人生、新事业的开始真心喝彩。

我也用力地鼓掌，同时感觉热血沸腾，我相信在座的各位都感受到了这份兴奋。

有失必有得果然说得一点都没错。权局长先把时间和热情全部倾注在事业上，最后在事业终止的舞台上将结束升华为一个美丽的起点，怎么能不让人兴奋呢？

听说最近权局长迷上了摄影。从两三年前开始，他就带着相机走遍全国有名的山山水水，完全放松身心地沉浸在兴趣当中，并经常与妻子儿女共同旅行。当影像的画面中出现权局长的妻子孩子时，他说要感谢生活本身。看着一家人其乐融融的画面，我的脑海里突然闪过"原来幸福的家庭就是这样"的想法。权局长生活中的一切都好像是被规划好的，子女、经济条件和人生步骤等，感觉都很准确地安排在了正确的位置上。

我沉浸在周围同事们议论中的权局长的故事里。突然，坐在旁边位置上的道英度次长的样子渐渐映入我的眼帘。道次长看着权局长既气派又完美的退休仪式，流露出百感交集的目光，一杯接一杯不停地喝着酒。

*一个人享受着华丽的退休仪式，而另一个人却在后辈们的脸色下疲惫地生活着。*大屏幕上滚过的影像中，权局长30～40岁时期的纪念照上都少不了道次长的身影，那时道次长和权局长同样身居高位。

边吃饭边听前辈们讲过去的事，与权局长同期入职的道次长也曾有过辉煌的职业生涯。即便是 10 年前两人还没有什么特别的差异。但是，现在两个人的处境却是如此悬殊。

按当初的情况来看，道次长享受同等华丽的退休仪式不是问题。不过，从现在的情况来看，等待着道次长的将是最棘手的养老问题。

同样起点的两个人，处境为什么会差这么多？我仔细琢磨着这截然不同的两个人，他们到底是从什么地方开始走了不同的路呢？

突然有种拨开云雾见月明的感觉，几天来一直困扰着我的难题似乎找到了答案。我瞬间在头脑里规划出了"给那些因动荡的未来而苦恼的普通市民带来希望的经济特辑节目"的大框架。

找出站在同一起跑线上出发的两位前辈，却有着截然不同的人生的原因。一点一点地分析两人过去 10 年间的一举一动和其中的差异，肯定能找出答案！

10 Years
Bankbook

退休年龄
无奈返聘

——投资教育大失败，老无所依

两个人同期入职，能力相当，机会均等，偏偏一个人升职加薪，节节攀升，最后在全公司的欢送下华丽退休，妻子陪伴，儿女绕膝；另一个降职减薪，被退休后又入职，仰人鼻息地看后辈脸色打杂工，与妻子两地分居，想孩子又看不到。

这两极分化竟源于一个经济决定……

"大雁爸爸"的哀鸣

　　我想知道为什么道次长会变成现在这种情况，第二天傍晚我便急急忙忙给他打了电话。想弄清情况的念头让我心急如焚。

　　"次长，您好，我是金诚东。您在家吧？"

　　"在啊，你有什么事吗？"

　　"昨天看您喝了很多酒，想问问您没事儿吧？"

　　"啊，这样啊。没什么……"

　　"大雁爸爸[①]"道次长已经习惯了工作到很晚回到家也孤零零一个人的情况，他也早已习惯了后辈们看他的异样眼神。因此，对于突然来自后辈的问候电话他感到很不习惯。

　　因为周末没什么事要办，所以道次长直接睡到了下午，睡醒后不久电话就响了。

　　"您方便吗？我想见您一面。"

---

①大雁爸爸是指为了子女接受更好的教育，将妻子和孩子送到国外，自己留在国内挣钱的爸爸们。

"现在？有什么事吗？"

"我能有什么事啊。正好刚刚结束采访，想起昨天您喝了很多酒，想问候一下，大周末的您没出去吗？"

"我也没什么能去的地方。"

"我正好到您家附近了，可不可以去拜访您？"

道次长有些惊愕，在电视台里从未有人对自己表示过关心，他也不想让电视台里的后辈们看到自己的穷酸样。所以突然得知后辈要来拜访，就感觉自己将要赤裸裸地站在马路上。

因此，他想找借口推托。

"那个，我家太小了……"

"自己一个人住可不都是那样，大周末的叫您出来的话太不礼貌了，不管怎么说我去拜访您比较好。"

"那就来吧，不过家里又小又乱。"

"好的，马上就到。"

拒绝不了后辈的拜访，道次长只好勉强答应，然后匆忙收拾屋子。

我到了道次长家，发现屋里比我想象中要干净得多。他一直念叨着"谁要是决定做大雁爸爸，我肯定天天去劝说，并阻止他"。他还说："并不是谁强迫他做大雁爸爸，而是他自己没能抵挡住孩子们的软磨硬泡，就送他们去留学了，现在想想觉得特别后悔。但事已至此，又不能中断孩子们的学业，只能自己一个人硬撑了。"

　　看着满目萧条的空墙上挂着的全家福，我心里很不是滋味。过了一会儿，道次长端来了他亲手煮的咖啡，笑笑说："最近咖啡可是我唯一的兴趣呢！"

　　想着道次长一个人在这无人问津的家里，喝着苦咖啡，痛苦地扛起生活的重担的画面，就觉得他特别可怜，同时也是可悲的。

眼前看到的财产，
不一定是自己的

想到我来这里的目的，只好硬着心问道："您想孩子们吗？"

"想啊，可又能怎么办呢。"

"您每年都去看孩子们吗？"

"去看一次的费用差不多是他们一个月的生活费了，现在每个月的生活费都还备不齐呢，哪有钱啊，就是想孩子想得心里难受也得忍着啊！"

"学习不也是为了以后的生活么，唉，我也是年纪越来越大，才渐渐地领悟到生活是多么不容易啊。"

"你这眼看要 40 岁的人了，怎么变得意志消沉了呢。再悲催也不会比我更艰苦的，我都还没这么说。"

"昨天权局长的退休仪式让您很伤心吧？"

"伤什么心啊……这都是自作自受，自己做的选择啊！"

很迫切地想问道次长到底是怎么变成现在这样的，却怎么也开不了口。因为昨天的退休仪式就已经让他伤自尊了，再继续追问与同期的权局长走上不同道路的原因，对他来说会不会太残忍了，我踌躇着。

道次长可能看出了我为难的表情，直接问道："这么晚了来找我，肯定是有什么事情，你也别绕弯子了，快说吧。"

于是，我狠了狠心说出了今天的目的："我知道这是个很失礼的问题，但我实在想不明白，您与权局长同期入职，能力相当，可两个人的结局却是天壤之别，导致这个结果的原因是什么呢？不瞒您说，最近我在策划一个关于养老的节目，正在到处搜集资料。有一点私心就是，我也处于上有老下有小的人生阶段，各种问题让我苦恼不已，所以特别迫切地想找到答案。"

我小心翼翼地解释来访的目的。谁知，道次长听后放声大笑，说："唉，你这人，就为这个问题大晚上的跑到我这来了啊！"

"因为我的情况相当不乐观呀，每月就那么点收入，要花钱的地方却一天比一天多，两个老人要养，孩子要上学，若稍有变故，比如失业、重病或者其他，可要怎么生活呀？"

"……"

我大概明白道次长无言的含义。要么是他自己也没找到答案，要么是有什么难言之隐。我继续说："再怎么说，等您的孩子们大学毕业之后，家里就没什么需要花大钱的地方了，好歹也能松口气缓一缓。可我家孩子都还小，眼前的路简直就是一片漆黑呀。几天前，我跟妻子还因为要不要让孩子们上双语幼儿园而吵了一架。"

道次长表情立马严肃起来，用特别认真的语气说道："如果年轻时不做具体的经济计划，以后就会变成我这样。坦白说吧，其实我一直认为，把所有金钱都投资在孩子们的教育上并不是一件鲁莽的事。10年前的一个傍晚，我和孩子们一起讨论将来。上初二的儿子说要去外国读书，以后成为像联合国秘书长潘基文先生一样的国际性人物；上小学六年级的女儿则说要当画家。孩子们都积极地规划自己的人生，让我觉得难能可贵，并且我也支持孩子们做自己想做的事，成为他们坚强的后盾，这不是为人父母应该做的吗？再加上，我一直认为应该培养孩子们的国际化思想，因此就趁此机会认真考虑了送孩子们去国外读书的问题。"

我点头认可说："我想如果换做是我的话，也会那样决定的。在当时的情况下，如果不答应实现孩子们的梦想，就会觉得没尽到做父亲的责任。"

"话虽如此，但还是因为巨额的留学费和开销，犹豫了好久。可是，妻子比我要积极得多。每天对我念叨：'像现在这样的国际化时代，不好好学习就很难生存；我们的孩子这么聪明，到国外学习才能发挥才能；将来孩子们出人头地了，我们就可以舒舒服服地养老了啊。另外，当初为了投资买的房，眼看着就要涨价了，如果卖掉就能解决一部分费用的问题；再把用于退休后养老的定期存款、退休金和保险都取出来，先充当孩子们的留学费就可以了！'妻子就是这样说服我的。"

"所以您就同意了？"我难以置信地问。

"唉，其实那个时候应该坚定反对的。"

道次长的妻子不是那种规划未来的人，因此家里的财政大权都由道次长一人把持。道次长在44岁的时候贷款买了一套公寓，2009年把居住的公寓作为担保申请了贷款，用贷款买了新城内的一套房和一些金融资产作为投资。所以，在道次长的妻子看来，在这种经济条件下送孩子们去外国读书绝不是自己的虚荣心作祟，他们完全承担得起。

透过道次长的一言一语来看，当时他妻子并不清楚自己家到底有多少财产，只是觉得眼前看到的就都是自己家的财产。事实上，在一些经济观念薄弱的人的思维中，很容易产生某种错觉，认为拥有一套公寓、一套房，加上一些不算少的金融资产，过得就是让别人羡慕的生活了。对经济状况或金钱毫无认知的人，总是只关注眼前的财产。

其实道次长当时的财产情况并不算坏。

2012 年送孩子和妻子去加拿大之前，道次长的财产情况如下：

公寓价值 258 万元（住宅抵押贷款价值 126 万元）

新城内新房价值 115 万元（传贳金 58 万元）

金融资产（储蓄金、退休金、保险）价值 29 万元

402 万的总资产中，有 184 万元的负债，其实真正的财产只有 218 万元而已。道次长说当时他是这么想的："银行里有一笔定期存款，但是利息的增长怎么也赶不上物价上涨的速度；在新城内的房价一直有传言说会涨，正好可以卖掉贷款买的房用来充当留学费。虽然这几年房地产市场一直不景气，但听说政府马上就会推出房地产新政策了，周围的人都看好房地产市场。所以现在住的公寓只要一拆迁，就能拥有一笔相当可观的收入。"

就这样，道次长为了孩子们，为了被妻子时刻挂在嘴边的那句"孩子们出人头地后，我们就能舒舒服服地安享晚年了"，盲目地相信了房地产的泡沫神话，做出了"让孩子留学"这一决策。

于是，道次长的妻子和孩子们为了"10 年留学计划"坐上了去加拿大的飞机，而他这个"大雁爸爸"却根本无法预料到自己未来的生活是怎样的，10 年后将有何变化。

睁开眼 就是还不完的债

　　道次长原本计划只送孩子们去加拿大，却又担心没人照顾他们，就决定让妻子一起过去。出发点是为了孩子们和自己美好的未来，但两个孩子的留学费用加上三个人的生活费，压力比想象中要大得多。

　　尽管开销已经很大了，道次长还是担心家人在外国生活得会太艰苦，认为自己应该更加努力赚钱。所以在妻子儿女刚走的那段时间，道次长起床后学英语、读书，积极努力地提高自身素质；另外，为了身体健康，更是努力锻炼身体。

　　可是，这样的日子过了不到两个月，道次长对于自我提高的这团热火就像被泼了冷水一样，慢慢地熄灭了；开着电视醉醺醺地歪在沙发上睡着的日子越来越多。"大雁爸爸"的生活比他想象中更艰难，除了寂寞空虚之外，每月省吃俭用费尽心思积攒起来的钱全部都要寄给妻子，因此，可观的工资不够用。

　　道次长以现金形式收到的工资有 2.8 万元，可每个月必须支出的费用有：6000 元的贷款利息、1 万左右的生活固定支出费，还有 1.7 万左右的留学费，这样算下来他每月都有 5000 元左右的赤字。若出现突发状况，道次长就只能依靠信用卡来解决。就这样，越来越糟的状况恶性循环，道次长拿着不低的工资，却开始过起了漫无尽头偿还欠款的日子。

不知不觉间，道次长感染上了"担心钱"的病毒，工作上失去了成就感和勇气，无法承受任何有风险的工作内容，导致他内在的能力和潜能都慢慢地退化，慢慢从电视台的要职上被挤下去。没有家人在身边，还经常因为钱而忧心，道次长的自信心急剧下降，逐渐也失去了生活的激情。

另一方面，道次长在新城开发区内的单元楼，始终没有涨价。政府迫于舆论压力和经济现状，不断限制新城开发区的项目。一想到如果新城开发计划变成一纸空谈，道次长就感到后怕。年届 50 的道次长非但没有享受到愉悦的晚年生活，反而毫无安全感，性格也渐渐地变得急躁。

事实上，就对理财漠不关心、经济观念薄弱的道次长来说，贷款买新城开发区内的单元楼是最大的隐患。他于 2009 年购入，当时已经是房地产市场泡沫开始破灭的时期了，那个时候靠投资房地产挣钱的人已寥寥无几。但是，道次长听房地产中介说，新城开发计划指日可待，提前买下来，等开发计划实施时就能挣大钱了。结果道次长毫不犹豫地贷款买房，想着狠狠赚一笔。

当时如果道次长能够多了解一下我国的经济情况，和日后房地产市场将如何运转的话，就不会道听途说，以至做出如此盲目的决定了。2009 年是房地产市场走下坡路的起点，并预示着房地产市场将进入黑暗期。

就这样，2015 年的一天，政府宣布新城开发计划全面取消。于是 6 年间道次长白忙一场，他一直担心的最坏情况正慢慢地变为现实。

我聚精会神地听道次长讲述他的故事，竟忘了时间，咖啡都已经变凉了。

"只顾听我讲这些郁闷的往事，你的咖啡都凉了，咖啡还是要趁热喝才能品出它的味道。最近我深切地感受到人生也是需要机遇的。"

他一边重新煮着咖啡，一边继续说道："那时候终于明白了人们常说的'遇到难事儿就天旋地转'这句话了。用居住的公寓做担保，贷款投资的单元楼因新城开发计划的取消，房价每况愈下；为了养老而攒的钱都用在了孩子们的留学支出上；每个月信用卡都还不上，只能不断分期，然后眼看着欠款越来越多，利息越来越多。"

"您真是倍受煎熬啊。"

"每天都在因为钱而苦恼，操碎了心。又不能突然说让孩子们回来……"

结果道次长只能痛下决心，以 86 万元的廉价出售了新城开发区内的单元楼。其中 58 万用来偿还新入住者的传贳金；房地产中介的手续费和孩子们的留学费用花去了 17 万；仅剩的 11 万用来偿还了一部分贷款，最后一分钱都没有剩下。

当时道次长已经 51 岁了，尽管已经从主要职位上被挤了下来，不知道什么时候就得离开电视台，但即使从那时起，能够打起精神来做养老准备，也为时不晚。

那时道次长的财务状况不是用简单的一句话就能够形容的，当时还需要偿还买公寓时的贷款 115 万。因为抵押贷款的数额过大，不能以传贳的形式出租，只能月租，每个月收到的租金还要用来缴纳现在住处的租金。再加上，虽然已经还了 12 万的贷款本金，但是因为日渐增长的利率，实际上每个月还需偿还的本息并没有减少多少。

"那么便宜就把单元楼卖掉了，心里一定很难受吧。"

"那个时候也没别的办法了，实在是需要钱啊，尽管受了点损失，用卖楼的那部分钱暂时缓解了一下，心里多少还痛快了些。但是，好景不长！紧跟着下个月的还款期限一到，就又变得双眼一片漆黑，不知该如何是好了，唉！"

"我也是这样啊，不管怎么节省，给孩子们交完学费，支付完父母的医疗费之后，日子就过得紧紧巴巴的。您的心情我是感同身受啊。"

"每月拿到工资先要往加拿大汇款，然后就等着信用卡账单，之后是住宅担保贷款利息账单；而且不知什么时候会失去工作，60多岁了没攒下一点钱不说，反倒成了钱奴，我这一天天过得很寒心啊。也不知道这样的日子还要过多久……"

止住话语的道次长脸上挂满了忧愁，紧随其后的沉默让气氛变得更压抑，为了调整气氛我开始聊起了孩子们。

"您的孩子们最近过得怎么样？"

说起孩子们，道次长脸上多了一丝安慰与骄傲，突然又燃起了生气。

"一想起孩子们就很有动力，两个孩子真不错。儿子如今已经大学毕业开始读研究生啦，按照当初自己的计划选择了国际关系学专业，前不久来电话说就要进入联合国当实习生了。听到这样的消息我太欣慰了。女儿也依照自己的愿望考入了艺术院校，专攻美术。在这样努力生活的孩子们面前，作为他们的父亲实在不愿意把懦弱的一面展现出来。其实我知道在电视台里大家都觉得我是个包袱，那也没办法啊，虽然不知道什么时候就会被解雇，但还是得硬着头皮工作啊。"

原本凝结在他脸上的满足感和自豪感，不知何时已消失，取而代之的是抑郁和对未来的恐惧。

盲目乐观的苦果，投资房地产应三思而后行

　　道次长已经 56 岁了，韩国的新增人口出生率每年都呈负增长趋势，人口总数量也在开始减少，这样一来，人们一直担心的问题逐渐浮出水面。人口的减少是指总人口数在减少，但问题在于因出生率低导致新生儿的数量在大幅度下降，而老年人的数量却在大幅度增加。这是在 10 多年前就开始预示的结果。

　　根据 2011 年联合国人口统计调查，在经济合作与发展组织包含的 34 个国家中，韩国以最差的成绩排在了队尾。当时美国的出生率为 2.01，英国为 1.94，日本为 1.37，而韩国仅为 1.1。如仍旧任由低出生率的情况发展下去，预计韩国将在 2020 年成为人口出生率呈负增长的国家。

　　人口出生率的减少对道次长这代人来说是更加严重的问题，与他上大学的八九十年代相比，世界完全颠覆了。由于新生儿出生得少，部队入伍的人数也越来越少，最后入伍人数竟

只有以前入伍人数的一半。这代表着青年人口数在减少，也就意味着买房的主体越来越少。另外，与90年代初相比大学生的数量减少了三分之一，由于失去了生源，几乎处于关门状态的大学都争先恐后地申请创办老年人大学。

这意味着再也不能只依靠一套房子过日子了，道次长切身感受到了经济的波动，这才明白事态的严重性。为了了解房产价格，他开始奔走于各个房地产中介公司之间。我渐渐地融入了他的故事里，怎么都觉得好像是在叙述我黯淡的未来一样。

"正因为这样，您才把房子卖了吗？"

"没有，房地产公司的人说现在都是往外卖房子的，根本没人买。房价已经跌入谷底了，却没有生意，中介公司都快要关门了。"

"谁都没有想到不败的房地产神话会因为人口数量骤减，而落下帷幕。房地产市场在2009年开始走上了下坡路，虽然价格时起时落，可最终于2020年彻底完蛋了。我每年需要还5800元左右的贷款利息，还要还12年啊。我自我安慰，这房子早晚有一天将真正属于我，要不然真的坚持不下来呀！"

道次长情绪太激动了，不得不中止说话，调整呼吸。回忆着自己不堪回首的过去，懊恼极了。

"如果时间能过回到10年前，我绝对不会再干这样的傻事了。那么我也就能像权局长那样受到后辈们的尊敬，风风光光地退休，毫无担忧地享受晚年生活了。"

道次长因为孩子们的留学费用和贷款，根本连做养老准备的空暇都没有，更别提理财了。现在道次长家的房子只值144万元，去掉115万元的贷款本金，仅剩29万而已。另外，这房价一天不如一天，这些年来光贷款利息就已经还了86万元了，相当于给银行做了好事。

其实道次长早该预料到会有今天的后果。10年前开始就不断有人提醒他随着人口的减少，对房产的实际需要量也会减少的，但是他并没有重视这些建议。他认为，就算真的出现了这样的情况，也不会牵连到自己，所以并没有真正意识到问题的严重性。

所以，并不能说道次长没有努力生活，他认认真真、诚实地过每一天，只是因为没能关注社会及经济的变化，更没能及时做好应对未来变化的准备而已。

道次长的人生用一句话概括就是"一招不慎，全盘皆输"，这不仅成为了我要策划的节目的素材，也与我即将面临的养老生活有着直接的联系。

听了他的故事以后，我已经大致想好了应该如何策划这期节目，再也不用为制作这期节目伤脑筋了。我想，只要沿着道次长和权局长这两人10年间的足迹，就能找到针对充满变数的未来的应对措施，就能找到我人生的方向。

亡羊补牢不算晚，
听之任之只会赔

从道次长家里出来后，我思绪万千，各种想法充斥在我的大脑。

道次长在电视台努力工作了 30 年，但是现在所拥有的全部财产，仅仅只有还贷后所剩的 29 万元而已。究其原因，是因为这 10 年间他从未真正关心过瞬息万变的经济变化，只是以一个局外人的姿态生活着，所以这 10 年间他一直生活在为钱而操碎了心的不安和紧张中。再加上，对于随之而来的养老问题，他也没有做任何应对的准备。10 年前，因为错误的决定而毁了自己的人生，10 年间，从没有想过如何调整理财计划，10 年后的今天再说后悔也无济于事了。

因为他已经搭上了这艘名为"未来和理财"的船，但他不是指引前进方向的船长，而仅仅以乘客的身份上了船，根本就不知道船要去的目的地是哪儿，只是盲目地跟着往前走而已。尽管他现在知道了这条船的目的地并不是幸福的彼岸，而由于从来没认真做过准备，所以他因无法预知未来而感到的不安是任何人都无法阻止的必然结果。

我突然开始担忧起自己的未来，一想到说不定我也会重蹈道次长的覆辙，就不禁打了个冷战。

那么同期入职的权局长又是怎么生活的呢？竟然与道次长有着如此天壤之别的差异。这 10 年间在他身上发生了什么事呢？

我觉得有必要去拜访一下权局长。

下个周末，等权局长退休旅行回来后，一定要去见见他。我现在有很多问题想不通，感觉他不仅能帮我找到答案，而且可以为我正在策划的新节目提供一些起决定作用的线索。另外，他的经历应该对我即将面对的未来有借鉴作用，一想到这些，就更迫切地想见到权局长了。

《魔法十年》财富计划初登场

　　没想到权局长的办公室居然在首尔市政厅的大楼里，位于支持退休者创业的企业保育中心内。我站在办公室门前，拿起门前墙上的电话听筒，在墙上贴着的职位和内线电话表里寻找着权赫世理事的名字。

　　尽管权局长不是我的直接领导，但看到他的职位是"理事"时，自豪感油然而生。一走进办公室就看到很多与权局长年纪相仿的退休者在开会，权局长站在白板前面，给三四名退休者讲解着什么。

　　我走过去正好赶上会议结束，权局长又嘱咐了几句，他们这才离开办公室。权局长看到我笑了笑，示意我坐下。

　　"您好，这才退休几天啊，就又开始努力工作了，您不觉得累吗？我刚刚在门口看到好多人很面熟啊！"

　　"权&郑公司里的员工基本上都是在传媒和电视节目制作方面很有经验的人，像我这个年纪的资深顾问少说也有 20

位左右，他们可都是这行业里的前辈啊。"

"新公司运转情况看起来不错呀！"

"主要是网络和卫视台的订单，起到支撑公司的作用；从收入上看虽然不如以前，但也许是因为准备了几年的时间吧，有种安全着陆的感觉。第一个月内就接到了不少订单，大家都说忙得头昏脑涨的。"

权局长还是像以前一样，有着沉着、冷静的领导力。

"原来您在退休仪式上所说的'中场休息'就是这样的啊。那天您说从 10 年前开始就在准备第二人生了，您的话给了我很大触动；不只是我，当时在场的所有人应该都和我有同样的感觉。"

权局长热情洋溢地耸了耸肩，露出一个"我真的制造了轰动？"的表情。然后接着说："确实准备了 10 年，以前与各个电视台的熟人一起聚会的时候，大家觉得不能整天无所事事地浪费时间，都觉得应该用我们的能力来做些能够改变未来的事情，这就是权＆郑公司创立的初衷。其实，相同行业、工作性质相似的同龄人聚在一起还能聊什么呢？无非就是工作的牢骚、上司的闲话，和担心退休等一些问题。所以在过去的 10 年里，为了今天，大家都认认真真地做准备。同时，并没有因此而疏忽懈怠电视台的本职工作，希望不要误会。"

"您工作起来比谁都拼命，这是所有人都知道的啊！"

"10 年间，我们一个月开两次会，讨论电视业将来的发展趋势，以及组织结构的变化等。权 & 郑公司就是这么扎扎实实准备出来的。"

我由衷地敬佩道："作为资深电视人，您的本职工作一直都很出色，同时又为新公司做了这么充分的准备，简直太了不起了！"

权局长最大的优点就是具有能够准确抓住事物本质的能力，和作为领导不忘自身职责、尽职尽责的精神。这是其他人所不具备的能力，也正是这样的能力让人们觉得他特别突出。我从来没有看到过他有任何失误，或是听说他在工作上遇到困难等等。

"是啊，前几天道次长给我打电话，说你可能会来找我，大致说了说情况。你有什么想知道的？电视台里的工作就已经忙得不可开交了，你还有工夫来找我这个已经退了休的人，肯定是有什么特别的理由。就实话实说吧！"

听权局长这样说，我坦言道："不瞒您说，我最近在准备一档特辑节目，主题是'理财成功的关键'。上个月您在退休仪式上宣布'这是幸福的出发点'之后，最近'怎样才能获得所谓的经济上的幸福'已经成了我们茶余饭后讨论最多的话题。正好在您退休仪式上，与您同期入职的道次长坐在我旁边，我就把你们二位做了个比较。在 10 年前您和道次长都还没太大的差别，到底是什么原因造成了你们二位如今的悬殊差距呢？这是我非常好奇，并急切想要找到答案的问题。"

权局长认真回答道："唉，实在是件令人惋惜的事啊。那是 30 年前了，正如你所知道的，我和道次长是大学同学，后来又一起进了电视台，就像你跟吴洙云制片的关系。"

这时，在退休仪式上露过面的权局长的妻子端来了茶。

"夫人也跟您一起工作呀，夫妻二人一起运营公司，看起来很不错的样子啊。"

"我已经把与家人一起度过后半生定为了首要目标。孩子们都离开我们单独生活了，现在家里就剩我们老两口了，虽说现在做的是咨询公司，但实际上多半业务是在做公益，所以就把妻子也拉来做理事了，盘算着用工作来填充两人的生活。"

"以前在电视台工作的时候他与我们在一起的时间就很少，想必这个金制片也深有体会，工作的时间总是多于在家的时间。现在能每天一起上下班，很有意思，感觉很好。"权局长的妻子在旁边插话道。

权局长向妻子嘱咐了什么，不一会儿就见她又拿着一本厚厚的旧笔记本走了进来。

"我专门拿给你看的，这个对我而言就像耶稣对基督的意义，神圣而伟大。"权局长摩挲着已经发黄褪色的笔记本，慢慢说："现在就开始说说 10 年前，我调任到新闻部之前，所负责的最后一个节目正是经济类的节目，这个正是我那时取材记录用的笔记本。其实，当时能够负责那个节目，可谓是我人生中最幸运的事。多亏那个节目，才能让我在这 10 年间做出了正确的理财决策。在这个笔记本里，记录着改变我人生轨迹的节目的一切。如果当初没有那个节目，也不会有现在的我，以及我所拥有的一切。"

权局长的一席话吊起了我的胃口，我马上调整了姿势坐得笔直。虽心痒难耐，但又故作镇静，假装很惬意。不断地在心里默念并提醒自己，权局长现在所说的每一句话我都不能放过，都要铭记于心。

"改变权局长人生轨迹的笔记本？听起来好神奇的样子。"

"那时候我负责的节目叫《魔法十年》，有一位理财顾问作为嘉宾，他在我们的节目里提供咨询。这个人对我来说不单单是一位节目嘉宾，通过他，我更是学到了很多理财的知识，让我受益匪浅。现在想想，我这过去的 10 年时间正如当时那个节目的名字，真的像变魔术似的，见证了奇迹。"

"《魔法十年》？呃，那个节目是您负责的啊？"我像发现新大陆一样，惊叫道，"天啊，当时这档节目可是红遍大江南北啊！简直是太棒了！"

《魔法十年》曾是当年相当长一段时间里所有人茶余饭

后的谈资，"尽人皆知"可能都不足以概括当时引起的轰动。那时候，从早晨一睁开眼睛到晚上睡觉，周围的人都在讨论《魔法十年》，大街小巷里的男女老少都以这个为话题，可以想象这个节目当时是多么的脍炙人口，连我父母每天晚上都要讨论一番。这个节目是平日里寡言少语，也不喜欢看电视的父亲唯一关注过的电视节目。

权局长呵呵一笑，谦虚说："那时我也没有想到会有如此大的反响。"

"您太了不起了！那时我刚刚入职电视台，走到哪里都是聊《魔法十年》的声音。"

这时我才知道，10 年前造成如此大影响力的节目的制作人竟然是权局长。《魔法十年》是一档理财资讯节目，节目的出演者是三名情况各不相同的普通人，在分别盘点他们的经济状况后，由理财顾问一对一地为他们制定可行的方式方法。正如节目的名称，三位出演者从理财顾问那里学到了理财的秘诀，创造出了极富戏剧性的结局。

"我记得，节目中担任咨询顾问的人有 50 多岁了吧？现在还一直和他有联系？"

"好像比我大 3 岁吧，现在应该已经年过六旬了。我们偶尔会以发电子邮件的形式相互问候，听说去年冬天他去了西班牙南部地区，不知道回国了没有。"

"我很想知道他作为您在理财方面的指路人，到底具体给了什么样的建议。虽然想赶快解决制作新经济特辑节目的燃眉之急，但就我个人而言，因为用钱的地方越来越多，所以我也很担心自己将要面对的理财问题，对未来越来越没有信心。"

　　权局长听了我的话，也就不再卖关子了，直接说道："10年前，我正好刚还完房子贷款本金，算是了了一桩心事。那时，孩子们的学费越来越高，电视台也不像从前了，机构调整的利刃气势汹汹地在头顶盘旋，那段时期真的相当煎熬。你也知道我们这一辈的人基本上就是一份工作干到底，可是时代的变化由不得我们呀。"

　　"我还以为10年前不像现在竞争这么激烈呢，原来都是一样的。"

　　"是啊，一个企业想要追求组织和组织成员的变化，从而建立新的企业文化是存在诸多限制的。企业文化的本质和价值观不是那么容易就能改变的。那时我认为50多岁退休是既定的事实，应该说是一成不变的公式。往好了说还能再干10年，而这10年里又能攒下多少钱呢？能不能攒够负担得起家人日常开销的养老金？要怎么样才能攒够？很多问题在我心里挥之不去。"

　　我急切地说："我现在就是这个状态，比您那时还年轻呢就开始担心这些问题了。生活真是越来越艰难啊。哈哈。"

"你能早些为以后做准备，应该感到庆幸。正是制作《魔法十年》的过程，把我认为正确的那些老旧观念彻底打破了。而且，那时理财顾问对我说：'你要明白的不是未来还能工作个十几年，而是还要再工作30年。'他还给了我这样的忠告：'即使从第一份工作上退下来了，也并不代表你整个人生就退休了，这是后半生的开始而已。'同时理财顾问也给了跟我年纪差不多的40多岁的出演者相似的忠告。对于当时对未来毫无自信的我来说，这句忠告就如同在沙漠里发现绿洲一样及时。"

"原来权＆郑公司的历史是从那个时候开始的啊！"

"可以这么说吧。理财顾问一直强调的是'不管之前是如何理财的，从现在开始都不晚，要鼓足勇气对远期的未来做出规划。另外，计划的前提是持续做下去，并产生收入'。也就是说为自己以后的人生打一个底稿，然后以现阶段所拥有的为踏板，用未来10年的时间做准备。"

不容小觑的金钱诱惑，
贫穷和富有的分水岭

　　与其说权局长的语速在渐渐地加快，倒不如说是权局长的话越来越富有激情。他并不是怀着给后辈们多上一堂课的心态讲述他的过往，而是因为他确信自己所走过的路是正确的。给我叙述往事的同时，权局长的回忆也接二连三地被勾起，好像是重新回到了那个热血沸腾的时期。

　　权局长激情澎湃地说："当时的我同大部分人一样被社会潮流推着走，随波逐流，与此同时越来越强烈的不安感向我袭来，社会总是让我们与别人作比较。不管什么事情都要赶紧去做，好像是不抓紧去做就会受到损失似的。*如果在短期内不能获得高收入，或是不准备个几百万元的养老金的话，我们的结局则注定是悲惨的。*我在做那个节目的时候领悟到的其中一点就是，总是与别人比，就会很容易陷入到各种负面诱惑中去，从而迷失自己人生的方向，在攀比中丧失属于自己的幸福。*因此不要攀比，做好自己就行。*"

说到这，权局长走到白板前面，画了一个围棋棋盘。

他说："要想成为围棋高手，就要在重要的地方做好布局。如果只是忙着吃子的话，就很可能会在不知不觉中被对方抓住漏洞而输掉整盘棋，一般新手常会犯这样的错误。理财跟下围棋一样，最忌讳贪图小便宜、急功近利，其失败的原因就是被眼前短期内的利益所迷惑。应该洞察大局抓住核心问题，而那些不必要的行为就一定要避开。不管我们愿不愿意，在挣钱花钱的道路上都会遇到很多十字路口，那一瞬间做出的选择，会影响我们一生的方向。"

能够原汁原味地向某个人讲述自己的经历，还是采取让对方最容易理解、最有说服力的方式，这真是只有高手才具备的能力啊。权局长对理财并不是空有一腔热情，而是在理财的大趋势和人生哲学中生存的高手。

"那就您而言，什么是要避开的？什么又是应该做的呢？"

"不要被诱惑所迷惑。"

"诱惑？您是指金钱的诱惑吗？"

"是的，谁都想让自己的钱变得越来越多，这样就会被眼前所能看到的高收入吸引。另外，为了凸显自己的与众不同，就会陷入过度消费的欲望中。最后一个诱惑，则是'明日复明日'的心态，造成理财计划一再推迟。只要做到避开这三种诱惑，就不用担心钱的问题了。也就是说，这三种诱惑就是'高收入的诱惑''过度消费的诱惑'和'懒惰的诱惑',如果能成功避开这三种诱惑,理财就算成功了一半。"

"您说得很有道理。这么一想好像是 10 年前的《魔法十年》中提到的,对,那时候理财顾问好像是说过'远离三大诱惑'的话,我当时还觉得'钱的诱惑'是特别新鲜的词呢……当时的三位出演者现在怎么样了?真好奇他们的人生发生了什么变化。"

权局长大笑说:"哈哈!我也很好奇。"

不仅《魔法十年》这档节目本身令人震惊,节目中的三位出演者也都是相当有代表性的人物。

"我记得一个是 20 来岁的年轻女性,因为过度消费,狂刷信用卡而负债累累,她现在应该也有 30 多岁了吧?"

"是啊,当时她是一名充满朝气的职业女性,也不知道现在结婚了没?是不是还在工作?"

"大概是因为我马上要 40 了,所以对当时那位 40 来岁的科长更好奇,很想知道 10 年后的今天他过得怎么样。"

这句话反映了我内心的急切。不仅因为我的情况正好和他相似,这位人到中年的科长是位工薪阶层,因为父母的医药费和孩子们的学费诚惶诚恐的样子,给我留下了深刻的印象,同时他还是一位很有头脑、具有普遍性的典型工薪阶层。

"怎么,这是融入感情了啊。"

"当然！我都要火烧眉毛啦。哈哈！"

"我最好奇的还是那个对钱很执着的 30 来岁的职员，当时理财顾问在他身上花的时间最多。从那时起，我开始从各个方面重新审视金钱的概念！跟你这么一聊，还真的是很好奇，这三个人 10 年后的生活到底如何。"

权局长提到的第三位嘉宾，是一位 30 出头的公司职员，正值人生的奋斗期，却因为屡次投资失败，导致在经济方面走上绝境，所以备受观众关注。

"要不要打听一下这三个人都过得怎么样啊？看看他们到底是如何度过这'魔法十年'的。您觉得呢？"

听了我的话后，权局长很无奈地说道："你知道你这叫空手套白狼吗？"

"唉，您不也很好奇嘛！"

"嘿，我说你不是来取经的吗，怎么变成了帮你策划节目呢！"

"哈哈哈！我暂时把这个笔记本借走了啊？"

我摸着权局长的旧笔记本，现在开始再也不用为新节目的策划案而发愁了。我要做权局长《魔术十年》节目的后续篇，这个故事的发展结果会在后面的取材中慢慢地浮出水面。工作的欲望涌上心头，兴奋的脑细胞描绘出了新节目的轮廓。

如果当初做理财咨询的顾问也能够在节目中出现的话，

那问题就都解决了！我拿着权局长的取材笔记本直接奔向电视台，截然不同的两个人的人生，实在是让人深思。

在过去的 10 年里，并不是因为权局长有什么秘诀。正如他所说，是因为他打破了理财的定式，为了想要的生活，自己勾勒出了理财的草稿，这才是他理财成功的捷径。

现在我需要做的就是找到当年参与《魔术十年》的三位出演者，就在这一瞬间直觉告诉我，我已经找到了节目策划的核心。只要整理出同样起点不同人生的权局长和道次长的故事，再加上曾参与节目的 20 岁、30 岁、40 岁的典型代表的不同理财轨迹，就能找到未来养老及大众所关注的所有经济问题的答案。

Part 2

魔法存折，
颠覆三段人生

10 年前参与《魔法十年》节目的三名出演者分别是：

35 岁的代理金善珉先生，在大企业工作了 7 年，险些要辞职；

24 岁的职业女性尹诺熙，严重地透支未来；

中小企业科长，步入中老年的 45 岁的朱武日先生。

之所以选他们做嘉宾，是因为这三个人在各自的年龄层中最具有代表性，他们三人更是代表了大众群体，能够充分地展示各个年龄层的财务状况，方便理财顾问有针对性地制定改善计划。

我向上提交了申请，提出追踪调查这三位出演者 10 年的生活状况，并以此作为主题制作《魔法十年》后续篇的提案。电视台内部高层给予了肯定的回馈，表示接受这一提案。

10 Years
Bankbook

35 岁投资失败者
东山再起

——看清高收益，避免反复投资

　　三十而立，金善珉却对生活和工作失去了希望，几近崩溃，因为省吃俭用拼命攒钱的他一夜之间竟一贫如洗。茫然的他扔掉记账本，放弃不必要的金钱，打消不断膨胀的贪念，仅凭五大账户就从无到有，升职加薪，钱财无忧。

　　改变，源于一次谈话……

乐享财富人生之金善珉：
10年后有房有车有存款

金善珉现在任公司人事部长一职，看起来端正沉稳，在公司里好像很受欢迎。从我们在公司大厅与他见面开始，到人事部会议室的这一路上走了足有六七分钟，迎面走来的员工都会很郑重并亲切地跟金部长打招呼，通过这些细节我多少也能了解到公司员工们对他的评价。从那些员工们绝对不是形式化的眼神中可以感觉到，金善珉部长在出演《魔法十年》后生活上确实是有变化的。

我先开口问道："您升任为部长了？"

"啊，那已经是很久以前的事了……已经有5年了。"

"一眼就能看出来，员工们都非常喜欢您。"

"唉，是因为有拍摄组，他们才这样的！"

"哈哈！为了做给人事部长看的吗？"

"如果单单是靠郑重地打招呼就能提高绩效考核的话，那我可得郑重地打上百万次的招呼，才能走到现在的位置啊。

哈哈！"金部长调侃自己说。

金部长是一位能给周围人带来欢乐的领导，虽然依稀能看到几根白发，但这并不妨碍他成为一位活跃在一线的中坚骨干。

"您工作状态看起来不错！"

"嗯，是不错。我觉得我并不是一名单纯的普通职员，因为我所在的部门是一个首先要了解人的部门。"

我深有体会地点点头，在过去的这段时间里，我充分地体会到了缺乏对人的理解的人事管理是多么不近人情的事。如果能有像这样从不同角度去观察公司职工的人事管理者的话，公司整体的运营状况应该会提上一个等级。"这话啊，应该说给我们电视台的人事部听，他们可是整天琢磨着怎么才能多使唤员工，该给他们点教训！"

"电视台的工作还是和 10 年前一样？ 10 年前录制《魔法十年》的制片人和工作人员的脸上永远都是挂满疲倦。"

"我们这个行业就是这样的，偶尔跟别的行业一比，真的非常让人上火啊。话说回来，时隔 10 年再次上节目，您不紧张吗？"

"昨晚没怎么睡好。"

这么看来，金部长的眼皮是有些肿。我用眼神示意化妆师再给金部长补补妆。

"有些紧张吗？"

"有点……回想起当年的情景，现在的心情有些错综复杂。"

"当年上节目的时候，您因投资失败而有些心灰意冷了吧？"

部长向递给他镜子的化妆师点了点头，回答道："当年都不知道怎么办了，甚至有自杀的念头，如果没有遇到那位理财顾问的话，也就不会有今天的我了。"

"现在开始进行采访，您不用考虑有摄像机在拍摄，像平常聊天一样就行了。"

"又开始紧张了。"金部长开玩笑说。

"哈哈！首先，来回顾一下您10年前出演的《魔法十年》。"

风险与收益并存，
需谨慎对待

金部长 28 岁时进入一家大型集团企业工作，35 岁时他已经成为一位资深的代理，迎来了在这个公司工作的第七个年头。他 30 岁时开始对理财产生了兴趣，省吃俭用地攒钱，最大的心愿就是用这笔钱赚更多的钱，从此不再担心钱的问题，并希望能够早些退休享受生活。

因此金部长不顾家人的反对，甚至当同龄人纷纷买车的时候，他也不为所动，只是拼命地攒钱。他正式开始理财投资的时候，市场形势一片大好，似乎只要有钱投资就能赚钱一样。再加上当时全球经济繁盛，他以储蓄形式投资的基金都在挣钱。

看着那些一直在上涨的基金，"只要再多买些，就能轻而易举地挣到比工资多几倍的钱，果然钱能生钱啊"这一想法占据了金部长的整个大脑。

"靠着那一点点微薄的工资，什么时候才能攒够买房的钱啊？"

"如果一年前把房子的租金也撤回来，全部购买基金的话，百分之百能够赚到58万元。"

　　高收入的诱惑不断蛊惑金部长。

　　经过几天的深思熟虑，他决定趁着这一片大好的市场形势，狠捞一把。首先他收回了房子的传贳金，加上手头的40万购买了一套位于待开发地段的房，坐等房价上涨；接着他取出了所有的定期存款，全部投进了基金市场。

　　这些冒进的行为，源于想要享受经济自由的生活的欲望。

　　可是，钱并没有如他所期望的那样，钱生钱，然后不断装满他的口袋，2008年席卷全球的经济危机将这一切化为泡影。待开发地区的开发计划随着新城建设计划的取消而搁浅，房价非但没涨，反而一直在下跌，房客一个接一个地要求退还传贳金。另外，基金价格也跌得只剩下原来的一半。

　　结果，金善珉再也无法承受日益增多的贷款利息，以及投资失败而带来的压力，只能亏本卖了所有基金。直到最后，他只剩下一套简陋的房和15万元。

　　金部长暴富的梦想破灭，多年来辛辛苦苦攒的钱一夜之间全都打了水漂。整夜的失眠和过大的压力使他精神接近崩溃。精神恍惚的金部长每天硬着头皮去上班，却越来越无精打采，消极怠工，消极地对待公司的各种活动，开会时还总发表负面观点。渐渐地，他与整个公司的每个人都格格不入。

结果，与他同期进入公司的同事们都陆续升为了科长，只有他一个还是代理，这让他感到自尊心受到了重创。

　　在家里，金部长天天在妻子面前念叨想辞职，对家里的所有事情更是不上心，家里的大事小情慢慢都压在了妻子肩上。而且每到周日晚上，因第二天还要上班所带来的负担感，都会让他情绪低落，甚至有些抑郁。

　　金部长的妻子看丈夫那么痛苦，就开导说："如果实在提不起精神上班的话，就辞职吧，我来养活你。"妻子有点难以接受眼前这个垂头丧气、长吁短叹的丈夫，可是想到之前那个意气风发、工作生活都很认真的金部长，就选择了包容，但是家庭的矛盾还是不断升级，三天一小吵，五天一大吵，整个家都陷入了空前的危机中。

　　工作、生活的双重压力，再加上整夜失眠，金部长短短几天就瘦了8公斤。妻子一直想要帮助丈夫走出低谷，于是替他申请了参加《魔法十年》这档节目，希望借此机会能够成为一个转折点，让丈夫重新振作起来。

"钱串子"
对钱的执念

为了让金部长在开始前重温一遍以前的节目，我把存有之前节目的 IPAD，放在了桌子上。点了播放以后，最先出现的是主持人李忠实。

主持人先介绍了金善珉的基本情况，然后向负责给《魔法十年》的嘉宾做理财顾问的姜然在老师提出问题。

"您听了金善珉的情况，最想说的是什么？"

姜然在老师分析道："他对钱非常执着，已经超越了他所需要的范畴。俗话说：'钱这个东西，你越是追它，它就跑得越快。'钱确实挺奇怪的，你越是执着于得到它，它就会变成四只脚的动物跑得越快。两只脚走路的人，就算你走得再快，也很难追上用四只脚跑的动物。"

观众们被这个形象的比喻逗笑了，瞬间爆发出高分贝的笑声。

姜然在老师继续说："钱本身没有感情，却能牵引着感情制造出很多事端。有的人想快点儿成为有钱人，欲望不断膨胀，于是开始毫无原则地胡乱投资，最后导致血本无归，不仅失去多年的积蓄，更是影响工作、生活和健康，真正是赔了夫人又折兵。还有的人受到晚年想要收点儿小利的诱惑，结果损失了所有的养老金，抱憾终生啊。他们全都是抱着毫无根据的乐观态度盲目投资，结果却给自己和家人招来了祸事。"

虽然听了理财顾问有趣的比喻，金善珉也笑了，但却想到是自己的情况被拿出来调侃，脸色一暗。他从上大学的时候开始就对金钱特别执着，因此朋友们送给他一个"钱串子"的外号。正如理财顾问所说的，他都没有意识到自己从小对金钱的执念那么深。

"追求金钱的人有一个共同的特征：**在他们的生活中钱不再是必需品，而是超越了必需品，成为了生命中最重要的东西。**如果在大家的生活里，金钱变得比必需品还重要，那就落入钱的俗套了。虽然从外表上看来并没有任何问题，但本人会因金钱变得疯狂，很容易陷入贪得无厌的沼泽中而不自知。"

"一旦陷入贪得无厌的沼泽，就肯定会吃大亏啊！"主持人顺着理财顾问的话说道。

理财顾问突然看向金善珉先生，说："是的。在这里我想问金善珉先生一个问题，请问金善珉先生，您想要过的生活是怎么样的呢？单纯地想在经济上变得富裕是一个扭曲的动机。而你如果不能准确地找到正确的动机，就只会被贪欲牵制，压抑终生。不知道自己是为了什么而挣钱，只会被野心拉着偏离自己的人生轨道，您的经历就是这样。"

　　理财顾问的分析直击金善珉的痛处，他感觉自己的内心世界被暴露在大众面前，脸上写满了惊慌。

洞察金钱的本质，
获取长期收益

　　"金善珉先生，您以后最好不要再执着于那些不必要的钱了，过度追求金钱会迷失自我，不断地攀比，总想超越别人，过得更好。但实际上这根本不是您自己想要的生活，您只是被高收益的诱惑蒙蔽了双眼，误认为自己迫切地需要钱，而忽略了自己真正需要的是什么。"

　　主持人听了理财顾问的话，一边点头一边说话。现在所有矛头都指向了金善珉先生，为了照顾他的自尊心，主持人说了上面一段话后，继续说："也是，真正有钱的人并不执着于金钱。听了您的话，我觉得与金钱相比人生才是更重要的，所有人都听过这句话：'钱可以买到床，但是买不来睡眠！钱可以买到房子，但是买不到幸福！'然而现实中的人们却做不到对钱淡然处之。"

　　金善珉歪了歪头，心想自己是为了解决恶化的经济状况而来，理财顾问却给出了不要过多地执着于金钱的忠告，却没有具体的方法。他表情有些无可奈何地对姜然在说："您说得很对，金钱不是我们相爱的对象，应该冷静，不掺杂任何感情地去管理它。这是所有人明白的道理，现在我知道我应该为自己的人生而赚必要的钱，迫切需要的是真正管理钱的方法。"

理财顾问好像是看穿了他的心思，用与刚才截然不同的口吻，说道："这里所说的不要执着于金钱，并不是让您视金钱如粪土，而是让您重视您需要的部分，不必要的部分就不要放在心上了。知道自己生活中真正需要的是什么，这样在投资中才能更好地洞察金钱的本质，培养鉴别能力，这才是投资中最重要的一部分。"

听到这，金善珉先生眼睛里闪过一丝光亮，看上去像是抓住了理财顾问话里的精髓。

姜然在继续说："假如我知道自己想要的是什么样的生活，但是在没有任何计划的情况下去实现我想要的生活，这听起来只是一个妄想而已。我们不能被这种妄想所迷惑，虚度光阴吧？那些执着于金钱，并活在妄想中的人，大部分看重的都是如何将钱变多，被短时间内能够达到多少的高收益所吸引，而忽略了应该为实现自己想要的生活去制定一个长期理财计划的重要性。"

投资少回报多的秘诀

　　听到这，金善珉先生问："先努力攒钱，然后投资挣钱，几年后买属于自己的房子。这样的计划难道不能被认为是长期计划吗？为什么这样的计划会被判定为是妄想？我认为我并没有盲目地执着于让钱生钱，对这笔钱如何花我是做了计划的。"

　　主持人点点头，赞同地说："我也同意金善珉先生的说法，很多人都是这么做的，相对于攒钱而言，投资理财就是为以后做准备的，大部分人认为这是必不可少的一个环节。所以在这里，还请老师您明确给我们解释一下，您所谓的长期理财计划和我们一般人所想的长期理财计划有何区别。"

　　理财顾问点点头说道："这个问题很好。这两者最大的差异，是怎么看待长期理财计划的中心价值。最近人们把能在短时间内挣更多的钱，用来'增加自己的所有（having more money）'看做是中心价值；有些人甚至为了提高自己的'所有价值（having value）'，不惜把自己变成廉价出售自我'存在价值（being value）'的所有型人。所有型人在做事上，追求的不是对这件事本身的信念和展望，而是眼前能够得到的实际利益，这样往往会自食其果。实际上，增加个人所有并不是提高了所有价值，而是提高了存在价值。再次重申一遍，钱是越追越难得到的，放手去追求自己所期望的人生，反而会使钱越变越多。"

理财顾问的话句句直戳金善珉先生的伤口，他惭愧地低下了头。主持人见气氛有些压抑，便站出来总结了一下理财顾问的话。

"简单地总结一下，不必要的钱不要去想的意思，不是说不能对钱产生任何想法，**而是要明确地理解为什么需要钱，以长远的眼光来制定理财计划，并行之有效地进行管理，有策略地为未来做准备。**"

"是的。以自己真正想要的生活为中心，针对生活中必需的资金进行管理，避免不必要的行为。并且，不要被贪欲和主观思维所牵制，做出草率的决定，这样就能够获得合理的收入了。"

"最近几个月里，我因为投资失败而倍受煎熬。听了老师的一席话后，我觉得在过去那段时间里，我对金钱的渴望都是来自过度的欲望，所以我把您的话牢牢地铭记在心里了。

可是，现在的我不知道如何挽救自己经济上的失误。"

"金善珉先生，您如今的情况就像站在十字路口，需要作出选择。**一个选择能左右未来10年的时间，我认为一个选择更可以改变一生。**如果继续这样追着金钱跑，和被金钱压迫着生活的话，那么我断言10年后您将会比现在更悲惨。就像涨潮时海水上涨一样，您要意识到现在就是金钱的潮水朝您涌来的时期。因此从今往后，您需要周密地计划好这些钱应如何使用，并为了过上您自己希望的人生迈出决定性的第一步，这样您才会发现10年后您生活得与别人不一样。"

金善珉感激地说："得知多年来辛辛苦苦攒的钱瞬间就没了，我对以后的生活感到无望极了，好像走进了死胡同一般，找不到出口。但是您说'我现在不是在死胡同里，而是站在需要做出选择的十字路口，根据我的选择，10年后我会过得与别人不一样'。听了您的这番话，我顿时感觉找到了生活下去的勇气。"

"您能这么想就太好了。明确地知道自己要往哪儿走和知道自己应该往哪儿走的人，在不久的将来就会发现，你们与不知道这些的人所处的位置是明显不同的。因为很多人都是不知道为什么要做投资、为什么要攒钱，所以挣来的钱也就放任不管，随随便便地花掉了，从不计划自己的人生，只是看到眼前的部分，这样就会忽略对未来人生的规划，只是贪图眼前的利益，永远在失败和悔恨中痛苦挣扎。最终的结果就是抓不住年轻时挣来的钱，从而错过金钱大潮袭来的好时机。"

这时主持人站出来做了总结性发言："想必现在大家也都了解了制定长期理财计划的必要性，下面请您讲讲具体的实施办法吧。"

姜然在故作神秘地说："好的，现在开始请大家记住我所说的战略性资金管理方法，这可是少投资多回报的资金管理秘诀。"

扔掉账本，
设立 10 年存折

"居然会有投资少回报多的秘诀，简直让人无法相信！"

主持人的声调突然抬高了，旁听席里也开始沸腾，观众们相互私语着。

"**秘诀就是选择和集中**。有战略性地管理资金的人会把要'放弃的'和要'抓住的'区分得很清楚，也是有选择地做事情，绝不是什么事情都做。这个差异体现在结果上会非常直观，管理资金时，应在预先设计的底稿的基础上做出战略性的选择，并对所选择的部分集中精力。简单来说，金善珉先生在日后挣钱花钱的过程中，不管您愿不愿意都将面对很多需要做出选择的十字路口。依据您所选择的部分和您对所选择的部分集中精力的程度，您所处的位置将随之发生变化。**您现在要对流向您的收入做出规划，把所有精力集中在核心资产上**。就算您现在没有多少闲置资金，或是现在的经济情况还不算稳定，也不要灰心。希望从现在开始规划您自己的理财蓝图。"

理财顾问的话有些长，主持人为了让大家多点时间消化，就向旁听者提出了问题。

"说到理财，我最先能想到的就是家庭账本。在座的各位如何看待家庭账本呢？"

主持人的话音一落，旁听席上就议论开了。看来大家对家庭账本有很多要说的话，一名旁听者拿起麦克风说："我结婚已经10年了，从新婚时每天都记账，虽然有些烦，但一直这样记下来真的减少了开支。"

另外一名旁听者说：

"我在结婚初期认真地记了一年的账，但是没有任何效果。每每看到账本时都会下定决心，一定要减少下个月的开支，可是这决心就只能持续那么一阵儿，到了下个月开支根本没有减少。**有的时候下狠心省吃俭用攒些钱，却攒不下多少**，所以也就不再认真地记账了，现在干脆都不记了，说实话记账非常麻烦，而且没有什么效果。"

旁听者纷纷点头表示认同，主持人转向理财顾问："您对家庭账本有什么看法呢？"

"我国老百姓对理财的概念还是一如既往地停留在记录家庭账本的水准上。家庭账本在合理的范围内确实可以有效地控制支出，但是家庭账本最大的问题在于很容易让人们错误地理解理财的核心基础。在家庭账本上过多地花费心思，很容易忽略整个资金流的动向，关注的只是钱包里的现金。而且，强迫每天记账，很容易导致我们忘了核心资产的重要性。"

旁听席上响起了热烈的掌声，掌声主要来自由家庭主妇们组成的旁听团，本来对记账就觉得很麻烦的主妇们，现在听到理财专家指出了家庭账本的缺点，当然会积极地响应了。

"我不仅想对金善珉先生说，也想告诉在座的各位和电视机前的观众朋友们，**与大家每天节省几十元相比，系统地管理以存折、单据、文书、契约等标示的单个财产和财产结构更为重要。**如果只看重眼前的高收益，不规划核心财产的话，以后将会面临真的需要钱，却一分没有的窘况。"

旁听席上再次响起了掌声，这次主持人也不由自主地和大家一起鼓掌。可见理财顾问的话说到了每个人的心坎上。

"比起手里攥着的现金，更重要的是，对直到退休时进账资金流的规划，通过家庭账本是绝对不能看出资金流的动向的，因此我要再次强调放弃家庭账本，重视理财的基础计划。"

主持人不断地点头来表示同意理财顾问的观点，并站在金善珉先生的立场上提了以下问题。

"那么针对金善珉先生，到底怎么做才能更好地管理好他的财产呢？"

金善珉的脸上露出了紧张的神色，在等待理财顾问回答的这段时间里，他不停地用手敲着鼻梁，这好像是他紧张时的习惯。

"那么现在开始说说创建10年存折吧。几年前，一个家庭的全部财产还就只有一套房子和几个存折而已，但是未来的10～30年将进入一个家庭需要管理多个存折、年金、各种单据、房子、证券、债券，及贷款等资产的时代，这就意味着需要改变理财的方式。不再是有意识地控制支出的家庭账本的方式了，要导入新的概念，**即判断资金流向，根据用钱目的分别开设账户。**"

听到"**不用有意识地减少支出，就能有效地管理财产**"这样的话，旁听者和金善珉都竖起了耳朵，等着理财顾问接着说。

"大家的工资中始终有那么一部分是用在同一用途的'必备金'，这笔钱里藏着一生中可以独立开设的所有账户。除生活费外，我们每个月的工资里还包括能够应对我们生病、老了不能挣钱的情况的家庭'必备金'，这也是为什么我们不能把挣来的钱一股脑儿地都作为生活费花掉的原因。我们要为自己和家人的未来做准备，把收入自动分类存入10年存折，制定长期理财计划。"

理财顾问解释着将收入按照用途分类，创建核心财产"10年存折"的方法。为了日后能钱财无忧地生活，每月从收入中拿出一部分按用途分类，持续地、自动地存入10年存折中。

"**不是在有一定积蓄后再制定财产资金一览表的，而是**

应该在开始赚钱的阶段就要导入资金一览表这一概念。我把这一行为叫做'收入自动分配系统'。"

主持人为了旁听者和金善珉能够更好地理解，提问说："也就是说日后赚到的钱要分类存入 10 年核心存折里，把所有精力都要集中在这一核心上。那么，所谓的核心存折有哪几种呢？"

"为了能过上不用担心钱的生活，至少要开设 5 个账户，分别为退休账户、投资账户、购房账户、保险账户和预备财产账户。将每月收入按固定比例坚持存入各个账户，尽管一个月或是一年的存款不过只有几百元或几千元，但长期坚持储蓄，再加上利滚利累积下来的资金，这几个账户就能成为支撑生活的核心财产了。利用'收入自动分配系统'的原理，每月固定向核心财产里存钱，这样大家手中就会有多个存折、单据、合同、登记管理证等，把这些存折和单据管理好，就能系统地攒到钱。"理财顾问把话题转向金善珉说："例如，把金善珉先生的每月收入按照退休账户存入 15%、投资账户存入 10%、购房账户存入 20%、保险账户存入 5% 的形式自动分配储蓄，这样就画出了理财的大草稿。在这个草稿的基础上，对这些账户进行按月管理。另外，以 10 年存折的形式分散管理还可以避免偏向一边的不均衡管理。"

10 Years
Bankbook

透支女王，
29 岁坐拥百万资产

——分门别类的 20 多种理财项目救了自己

衣服、包、香水、汽车，不管必需与否，都想要！刷信用卡、分期、贷款……这就是卡奴尹诺熙小姐的人生，深陷过度消费的沼泽而不自知，当身后闲言碎语滚滚而来、催款电话通通不约而至时，才幡然醒悟。

先储蓄后消费，说来简单，做到难！负翁怎么咸鱼翻身，坐拥百万资产呢？

乐享财富人生之尹诺熙：
虚荣女变身成功金领

　　第二位上节目的嘉宾是尹诺熙女士，因为尹女士很漂亮而且能言善辩，所以在当年的节目中很受欢迎。她现在就职于一家韩国本土品牌化妆品公司，这家公司已经成为拥有多个连锁机构的全球集团性企业了，而尹诺熙女士是这家集团公司所属化妆品部门中最年轻的理事。不久前她还凭借最年轻女性理事的盛名，作为嘉宾上了不少电视节目。

　　一进公司大厅就看到早已等在那里的尹诺熙女士了，10年后的她竟然还是那么年轻漂亮，风采不减当年，更增添了些许干练和自信。

　　摄制组跟随尹女士一起来到她的办公室。

　　我先给她解释了此次拍摄的意图，然后趁着工作人员布设背景灯光，与她先聊了聊。

　　"不愧是化妆品公司，感觉气氛好活泼，而且充满女性魅力。"

"与电视台的气氛有很大不同吧。"

"相当不同，我们那儿，每个人都拼了命地工作，哪儿有闲工夫去管室内陈设和外部装修什么样啊，经常连喝水都会忘。"

"也是，做节目的时候每一秒都不能放松。10年前我录节目时，对那紧张的气氛和紧密的档期就深有体会，自那之后，我就算路过电视台都不会转头看一眼的。"

"哈哈，虽然这样抱怨，但是经常在电视上看到你的身影啊，我听说前不久还因为被选为集团中最年轻的理事而接受采访了呢！"

"哎哟，别提了，那简直就是噩梦重演啊！"

"看您现在的工作状态不错啊，现在很流行一个说法叫'K-Beauty'（韩式化妆），看来现在韩国化妆品已经在全球市场上站稳脚跟了吧。"

"是呀，搁以前这完全是不敢想象的事啊。仅在10年前化妆品行业还都是外国品牌的天下呢，现在韩国本土的化妆品反而更受欢迎，我觉得受韩流风潮影响较大，但不管怎么说，东方人还是更适合东方人制造的化妆品。"

一说起化妆品，尹女士的眼睛熠熠生辉，我不自觉地感受到了她身上所散发出来的职业女性的强大气息。

当我们谈到她是不是以一种爱国的情怀去工作的话题

时，尹女士说："也不能说是爱国的情怀，但确实有一种动力。虽然作为一名外国知名品牌的理事，工作时也会尽职尽责，但是在国产企业里工作会更努力，尤其是现在韩国化妆品已经打入国际市场，并主导着大趋势，因此工作的时候会觉得很自豪、很快乐。"

"看理事您自信又干练，完全是当代职业女性的代言人，很难想象10年前会那样落魄惨淡啊，这真是极具戏剧性的一段故事。"

"当年啊，简直像一场梦，昨天我接到了权局长的电话。啊，他现在已经不是电视台的局长了吧？"

"是的，才退休，电视台里的同事们还为他搞了退休仪式。"

"啊，真的？早知道的话，我也应该去参加他的退休仪式，对我来说权局长就是正面教材，还有当时节目里的理财顾问姜然在老师，这两位在我生命中的作用太重要了。"

尹女士突然说起姜顾问，她告诉我几年前她就到处打听过他的消息，却一无所获。我最近也为了找姜顾问的行踪而四处碰壁。

"当年电视节目中，尹女士您可是相当受欢迎的啊。"

"我受欢迎？哪儿是受欢迎啊，那都是在起哄，靠男人、啃老、虚荣等等，各种难听的词汇都被扔到我身上。我当时压力很大，网友们都在指责我，甚至被人肉，毫无隐私可言；在公司里，被排挤，所有的同事都觉得我贪慕虚荣，与我保持距离。所以有一段时间我还跟权局长说过要退出节目，不拍摄了呢！"

"那您没有中途放弃并坚持下来的理由是什么呢？"

"那时我自己也意识到了危机感，太需要改变现状了，因此一定要坚持到最后。现在回想起来，多亏参加了那个节目，要不然我也不会有今天。"

这时，工作人员告诉我们拍摄准备都做好了。

我说："那么，先从回顾以前的节目开始吧。"

月薪 1.9 万，赤字 4500 元，过度消费的人生

　　10 年前，尹女士就职于一家外国化妆品公司，与同龄人相比，她混得不错，凭借着出众的英语能力和工作能力，她升任科长，在公司内备受好评。

　　大学时期，尹女士经常打工，以减轻家庭的负担，并为自己挣学费，生活非常拮据。尹女士是家里的长女，有个妹妹，所以工作后，她每个月都会给父母 2500 元作为生活费。妹妹最近也找到了工作，每个月给家里 1500 元的生活费。三年前她的父亲从中小企业退休，所以两个老人依靠女儿的生活费过日子。

　　与尹女士同期入职的同事们大都经济条件不错，她们每个月的工资基本都用来买衣服、包、化妆品或其他名牌奢侈品。同事们的消费模式一直影响着尹女士，她认为如果不像同事们那样追随时尚潮流，极有可能会落伍，然后可能会与同事的距离越来越大。所以为了向周围的同事们看齐，尹女

士的过度消费越来越多，越来越偏离自己经济能力的承受水平。

慢慢地，尹女士成了信用卡最忠诚的拥护者。

两年前她在公司附近花了28万元以传贳的方式租了一间一居室。

其实与同龄人相比，尹女士的收入相当可观，26万年薪，每个月扣除各项税费以后，到手里的也有大概1.9万元。

刚进公司的时候她每个月也都存钱，还认认真真地制定了攒钱的计划。但是为了提升自己的形象，她信用卡消费的欠款额越来越高。即使买不起进口车，她还是以分期付款的方式买了一辆全新的国产车。就这样每个月工资一到账，就会以刮龙卷风般的速度自动地转账还信用卡的欠款和分期款。

她都不知道自己从什么时候开始变成了月光族。当时为了凑够现在住着的那一居室的传贳金，她向银行申请了贷款。现在每个月要还房贷和买车的分期款一共是7000元，除去给父母的2500元生活费，自己的生活费还要1.4万元，这么一算下来，她每个月就会有4500元的赤字。

尹女士唯一的储蓄，就只有每个月存1724元的年金保险，这还是在朋友好说歹说的情况下买的。然而为了买车，这个保险也中断了。

中断这个保险对尹女士来说没什么犹豫的，因为首先她并没有理财和计划消费的观念，这个保险是她实在无法拒绝朋友的碎碎念才买的，随着消费水平的不断提高，她再也没有多余的钱拿出来存到这个保险账户中，于是就很果断地中断了。

她对工作充满了热情，而且工作能力不错，工作上的成就感一直是支撑尹女士的重要支柱。尹女士始终相信努力地为自己投资，一定会在日后得到回报，她一直梦想着找到一个很会赚钱的老公，2～3年后结婚；另一方面，她相信，消费水平过高的局面只是短暂的，早晚有一天她能翻身农奴把歌唱，改变这种局面。

每天早上尹女士都会按着太阳穴的位置，对自己实施催眠，她告诉自己："早晚有一天，我会变成有钱人的！"但是这积极的想法并没有改变她过度消费和购买无意义产品的现状，反而带来的是越来越多的债务，还有还不尽的信用卡账单，她的被动生活漫无天日。

了解了尹诺熙女士的情况后，制作组和理财顾问认识到这是大部分年轻人都在面临并经历的一个过程，因此需要对她的情况做彻底的分析。

"担心钱"
是一种病毒

10年前，24岁的尹女士看起来还带着些女孩子的稚气，她和理财顾问出现在同一个画面上。看到这个场面，我的第一印象就是好严肃的氛围啊！

节目是以尹女士的一段独白影像开始的，她首先对理财顾问说出了自己面临的经济窘况。

她说："几个月前的一天，我正在开会，信用卡公司打电话过来催款，电话的意思是，如果我再不能按时还款，信用卡将会被停掉，但是账单和利息是不变的。从那天起，我就开始心绪不宁，干什么都不踏实，一回到父母那儿就莫名地对他们发火。其实我并不是有意要对父母发脾气的，大概是因为我心底的一丝埋怨吧，我的大学学费、生活费都是自己挣的，而毕业后也是自己在打拼，父母在经济上对我没有任何援助，我可能一直对此耿耿于怀。当然，我能理解父母，并不是有钱不给我，而是家里的经济情况确实不乐观，确实没有能力帮我。再加上这时又接到了信用卡要被停卡的通知，一时不知该如何是好了，工资就那么多，但需要花钱的地方却很多。另外，公司被其他竞争公司抢了订单，整个营销部门的工作态度都很消沉，而且上司也紧密关注着这件事情，要求多加注意。说实话感觉当时所有的事都一团糟，不知道为什么会变成这样。"

特写镜头里，尹女士表情黯淡地站在那里，不知何时眼角挂起了泪珠。

资料影像播放结束后，主持人李忠实向理财顾问姜然在提出了问题。

"好像经济状况对一个人的自信心有着非常重要的影响。尹女士是一个工作认真的人，现在却变成这样，这到底是因为什么呢？"

"一旦经济上不稳定的话，就很容易感染上'担心钱'的病毒，这个病毒首先就会啃噬你的勇气。感染上这个病毒的人，在工作上明显的表现就是对成功的要求越来越低，哪怕是某一领域的专业人士，也不能彻底地发挥自己的能力了，就是因为经济的不稳定而失去了信心和勇气。因此，均衡地理财是非常重要的，想过上幸福的生活，就不能受任何不良经济习惯的腐蚀，追求健康的经济状况才是最重要的。"

理财顾问对尹女士的情况做出了准确的判断。分析说明刚刚结束，主持人就再追加了关于经济状况与工作之间关系的问题。

"简单地说，就是因为不稳定的经济状况所产生的'担心钱'的病毒，导致了尹女士对自己的工作失去了兴趣，并且无法发挥自己所拥有的才能，以至于进入工作的低潮期。那么，维持良好的经济状况能为工作带来什么样的提升效果呢？请您结合尹女士的情况给我们讲一讲。"

"经济状况良好的人，在生活上就会越来越如意，在工作上能够提高业务熟练度，还能使大脑更加活跃，不断想出更多有创意的点子。**简单来说，经济情况良好，整个人就会因为自信而进入良性循环，最后收获喜人的成果。**尹女士现在还很年轻，自身条件也很优秀，而且她对工作不仅有一腔热血，更能想出很多好点子，除此之外，她还拥有赚钱的才能。唯一欠缺的就是理财方法，才导致她感染了'担心钱'的病毒。"

在主持人与理财顾问对话的这段时间，尹女士的情绪已经平复了很多。镜头再次转向她，她很有礼貌、表情沉稳地倾听着理财顾问的话。

这时，主持人好像觉得应该具体分析一下尹女士的经济问题，于是提问说：

"针对尹女士的经济状况而言，优先改善的应该是哪一部分呢？"

　　姜顾问仿佛陷入了沉思，稍后，他看着尹女士断然说道：

　　"尹女士！我所说的话可能有些刺耳，但希望您能听进去。如果再继续像现在这样散漫地管理自己的财产的话，说不定在未来的几年内您就会破产的。**一旦外部环境带来任何冲击，比如出现失业、疾病或减薪降职等突发情况，您的人生状况恐怕会更糟，毕竟人生不如意十之八九，谁也说不准。**"

　　"破产"这个带有震撼性的词一脱口，镜头便推近给了尹女士一个特写，从瞪圆的眼睛里可以看到她的惊慌。

　　姜然在顾问说出这段听起来很刺耳的话后，紧随其后的便是一段教诲。

　　"虽然尹女士现在还很年轻，未来也会有很多机会，但是不抓住机遇并为未来做准备的话，极有可能就会破产。我每次看到那些没能接受良好理财教育的年轻人时，都会感到非常遗憾，年轻的时候不知道挣钱的辛苦，就会更容易陷入过度消费和债务缠身的陷阱。如果总是抱着'早晚会好的'这样茫然的态度，忽视理财的重要性，那么对未来的不安感早晚会变成现实的。"

首付 17 万买车？
学会理财，10 年复利 300 万

　　姜然在顾问的话音一落，大屏幕上就出现了尹女士所住的一居室的影像，随着摄像机镜头，我们看到了房间的每个角落，房间收拾得很干净，镜头里随处可见名牌包、高级服装和首饰。最后画面定格在停车场里那辆闪闪发光的红色轿车上。

　　看着大屏幕的姜顾问用带有遗憾的口吻说道：

　　"人们常把表面功夫做得好的人称为'抹灰的坟墓'。在周围人的眼中，他们锦衣玉食，生活得很好。其实这样的人，大部分都是除去债务后所剩无几。**外表光鲜的他们只不过是贷款、分期和信用卡堆成的傀儡而已。**"

　　主持人点点头，然后面向尹女士，提问道：

　　"您现在有什么样的感受呢？"

　　"从来没有想过，为了提升自身形象而买的那些名品会让自己落入如此境地，简直是太惭愧了。总是觉得不像别人那样打扮的话就会落伍，所以便开始了盲目的、过度的消费。

这样的行为所招致的后果竟然会涉及'破产'这样可怕的词汇，现在想想都后怕。"

说话的尹女士渐渐地涨红了脸，最后连声音都开始哽咽了。

看着哽咽的尹女士，主持人赶紧换了个话题。

"在这里我们应该彻底地了解一下信用卡。现代社会中，信用卡、贷款等被冠以金融的头衔，不仅是现在的收入，连未来的收入都能提前预支，多吸引人呀！现在有的人手里有各个银行的信用卡。所以我特别想知道，身为理财专家的姜然在老师是怎么看待信用卡的呢？"

"支持金融产品分期、发放信用卡和接受抵押贷款的金融机构都非常清楚资金运作和流通原理的，他们都虎视眈眈地盯着使用者的钱包。这些金融机构很有可能对此提出异议，但是只要我们使用信用卡来结算，那么都将计入这些金融机构的销售额。像尹女士这样凡事都用信用卡解决的，就是放弃了复利投资的机会，而这些金融机构却把我们所放弃的变成了他们的复利资产。刚才大家所看到的那辆红色轿车，买的时候花了17万，这笔钱就不能再成为尹女士未来的财产了。这笔钱花出去了，就不可能再花到别的地方，钱就是这么冷漠现实的东西。**但是在购车款分期支付中涉及的分期金融公司，把从尹女士这里挣来的钱按照分期平均利息计算，30年后将变成287万元。**"

尹女士的情绪稳定了很多，认真地听着姜然在顾问的话，还不时地点头表示赞同。作为职业女性代表被选中的尹女士，她的烦恼和境况是许多年轻上班族都现实存在的问题。主持人再次向她提出了问题。

　　"关于信用卡，尹女士有什么其他要说的吗？"

　　"我们上班族每天都辛苦地工作着，却享受着大不如前的待遇，听说退休年限要调整，又不知道什么时候可能就会丢掉工作，所以我们一直都带着对未来的不安感生活着。从某种角度来看，这种对未来的不安，可以说是激烈的社会竞争的产物，也许是因为产生了'我是不是落在别人后边了呢'的担心，才导致如此的呢，所以才像我这样荒唐地陷入了过度消费的欲望中。"

　　姜然在顾问以坚定的语气回答道：

　　"当然也可以这么说。那些害怕和担心的情绪，助长了自身想要成功的欲望，然后通过消费来满足这些欲望。电视购物、网络广告、杂志等各种媒体都抓住了人们的这个心思，汽车、名品、养生等各个行业都紧随这一趋势，巧妙地煽动着消费者的情绪。因此可以说现在的社会，都在不停地捕捉消费者的心理。"

　　主持人站出来整理着两人的观点。

　　"人们通常被大众媒体宣扬的消费风潮所包围，忽略了理财的重要性，因此陷入了透支信用卡的泥沼中不能自拔。**现实生活中，大部分上班族都没有任何存款，每个月为了偿还信用卡欠款不得不过着紧巴巴的生活。**在这里，我们来了解一下上班族们的信用卡使用情况吧。请连线李知淑记者！"

主持人联系了外景记者李知淑。

"您好，我是李知淑。"李记者站在一栋写字楼面前回应道，背后是进进出出的上班族。

"近几年，上班族使用信用卡的程度已经超越了一般限度，成为了社会的热点问题。滥用信用卡具体已经发展到了一个什么样的阶段呢？

"据有关部门统计，由于信用卡公司的大力宣传和各种各样的营销方式，现在每一个有经济活动能力的人手中最少有四张信用卡。**也就是说每一个上班族钱包中的卡，平均有三四张为信用卡。**特别是那些因信用卡消费额度很高，被银行视为重点顾客的人，会收到各种商品分期广告，这些人的消费动向被信用卡公司指定的积分和优惠政策所左右。长期如此，支出大于收入，那些原本诚实又无债务的人也会因无节制地使用信用卡变得越来越暴躁，没有责任感。实际上，不止信用卡，还有分期付款、租借和信用贷款等都是顶着'金融'的名头来扩大债务的范围，因此不懂得理财的人最好还是不要碰触这些所谓的'金融'方式。"

卖身为卡奴

　　现场主持人听完外景记者的介绍后点点头表示赞同，然后总结道："过度消费，超额透支，结果因过度使用信用卡，就会变成卡奴。姜然在老师，您怎么看待这一问题呢？"

　　姜然在回答说："因为债务缠身，从而变成被钱支配的奴隶的现象并不是当今社会才出现的。朝鲜时代、中国的唐朝、公元前的巴比伦王国等，都存在过因债务而产生的奴役制度。根据希腊历史学家希罗多德的观点，巴比伦王国在尼布甲尼撒二世统治时期（公元前605年～公元前562年），随着铸币的流通，金融活动逐渐繁荣，形成了商业资本储蓄的兴盛期。巴比伦空中花园被称为世界七大奇迹之一，花园的城墙建造于2600多年前，城墙上可以并排行走六辆马车，可见城墙之厚。以现代的技术来建造如此厚实的城墙都不是件易事，可见当时的技术相当高超，而建造这些城墙的正是奴隶们。当时的奴隶制度是受到法律保护的，因此奴隶们没有人权，把一生都奉献在了城墙的建造上。那时奴隶们的整个人生都由国王尼布甲尼撒二世控制。"

"您的意思就是，巴比伦王国的国王尼布甲尼撒二世就是今天的信用卡公司，而消费者就是奴隶。把尽情地刷着信用卡的我们比做奴隶，这样的比喻听起来，让人感觉不是滋味啊。"

大概也和主持人有着同样的感受，旁听席上的观众一时间发出七嘴八舌的议论声。

姜顾问继续说道：

"比喻很直接，但确实是事实。有一点值得我们重视，当时的奴隶们大部分源自巴比伦王国的中产阶级。那么平民们不得不成为奴隶的原因是什么？"

"原因是什么呢？您就别卖关子了，赶快告诉我们吧。"

主持人话音一落，姜然在顾问笑了笑，随即解答了大家的疑惑。

"随着文明和贸易的发展，东西方新鲜的物品流入巴比伦后，中产阶级的人们为了满足马上得到这些东西的欲望，开始提前预支未来的工资。当时在巴比伦王国有埃吉比（Eigibi）家和穆拉士（Murasi）家作为主要势力的高利贷业主开始登场，可以算是金融业的鼻祖吧。与经济上并不富裕，却还是要用信用卡来购买名品的现代人一样，巴比伦人为了购买从东西方流入的珍贵贸易品，不惜以自己作担保向高利贷业主借钱。当无法偿还债务时，就只能以自身来抵债。债务多的时候还会以家人作为共同担保，于是就有了全家人一起去当奴隶的情况。所以，越来越多的平民变成了奴隶。这样的情况放到现在，就相当于欠了很多债，房子被拍卖，全家被赶出来是一样的。"

看着大家都被姜然在顾问的话吸引住的画面，突然感到正如古代因过度消费成为奴隶是很平常的事一样，人类本身就带有容易陷入过度消费诱惑的DNA啊！

债务
是理财的天敌

　　主持人听后，继续问："不管是古代还是现代，人们沦为金钱的奴隶，到底源于什么心理或者说源于什么理由呢？"

　　"心理上来讲，卡奴都是对债务的认知和警戒债务的意识薄弱者。想想有线电视台每天反复播放的那些广告吧，就连小学生都能像电视购物主持人一样，把贷款广告、电视购物的广告词流利地背出来，这说明助长贷款和消费的广告肆意横行。孩子们都能把那些广告词倒背如流，可见这些广告重复播放的次数多不胜数，并且影响力巨大，显而易见。另外，在电视购物中经常会出现'现在、马上'这样的字眼，好像晚了就买不到了似的，这种方式会让人变得焦躁不安，从而被迷惑。因此，在理财中只要有一丁点儿松懈，就有可能沦为债务者。"

　　认真听完姜然在顾问的解释，尹女士坦诚地问道：

　　"那么，姜老师，您是如何衡量陷入过度消费和债务诱惑的危险指数呢？"

站在这里的尹女士一心只想赶快让自己的经济状况得到改善。

"这个问题提得好。正应该以这样的态度去解决问题！"

大概是姜顾问的一席话让尹女士大大地松了口气吧，她微微一笑继续说道：

"很后悔我一直在过度消费金钱和人生，所以很迫切地想找到改善方式。"

"不用那么担心，从现在开始解决就不晚。 如果每个月包括信用卡欠款的所有债务本息款偿还金额的总计，超过自己收入总额（扣除各项税费后）的30%的话，就说明已经处于被债务和过度消费所摆布的状态了，即做什么都会欠款。当然不能绝对地说，因为有人会把债务看作是有益的，但那只针对非常有钱的人，为了能让收益最大化，在自身财产的一定比例内活用债务的一种情况。**而普通人只能承受自身收入的30%以内的本息金偿还。"**

姜顾问继续说道："除了上述情况外，大家一定要记住，妨碍个人理财成功的最大敌人就是'债务'。消费性债务的复利增长很快，以一般的理财收入是无法偿还的。也就是对于普通人来说，债务给人们带来的损失要远远大于收入。另外，大家要铭记于心的是，稍不留神就很可能把自己的青春都浪费在偿还贷款本息金上了。"

理财顾问对于过度消费的观点表现出了他坚定的立场，因此他将忠告的重点放在了唤醒人们对消费的警惕上。

反用"心理会计"，
化解债务危机

主持人提问道："要提高消费的警惕性！这个观点与之前您所讲的，巴比伦王国的中产阶级因债务沦为奴隶的理由很相似。那么现场的尹女士怎么做，才能找到解决问题的方法，并在债务危机解除后养成正确的消费习惯呢？"

姜然在顾问对尹女士说道：

"前面呢，我们已经帮助尹女士纠正了她对金钱的错误认识。**不止尹女士，所有人都会不知不觉地陷入那些错误的金钱观念中，例如'与其他人保持同一消费水准，才能不落在别人后面'和'信用卡或贷款都是便利的金融手段，只是提前消费而已，没有危害'等。这样的观念渗透在文化中，在社会上蔓延，侵蚀着男女老少，当然，也不是对所有人都有迷惑性。**"

尹女士不停地点着头，对理财顾问的话表示赞同，认识到自己的消费观念是错误的。错误的公式在大脑里形成错误的运算，导致她的经济状况亮起了红灯，这些也是造成她感到不安的主要原因。

"对金钱根深蒂固的错误认识，会巧妙地扰乱人的心理。正如尹女士所经历的，抵不住消费和债务的诱惑，最后陷入虚荣、急躁和欲望的深渊。好！从现在起用新的观念武装自己，整理好心情，并下决心走自己的路。**我的上一句话里包含了知识、情绪、意志（决心）三个要素吧？要改变，就必须做到这三个要素同时改变。**"

"老师，我现在已经明白自己被错误的观念骗了，也深刻地领悟到了应节制消费。可是，这些做起来都没有那么容易啊。为了彻底地控制消费支出，我曾经剪过很多张信用卡，每到新年都会下决心攒钱，但最后全都失败了。"

看来尹女士并不是没有试过杜绝信用卡，合理理财，只不过她也经历了所有人都经历过的失败而已。其实她所提及的问题也正是我想要问的。

这时影像资料的画面上出现了旁听席上的观众，他们似乎也都带着同样的疑问等待着理财顾问的解答。

"大家认为能够战胜黑暗的最好武器是什么呢？那就是灯光。另外，为了战胜对手，尽管防守很重要，但也要展开进攻。最好的进攻就是最有效的防守。因此，**减少消费和债务的最明智的方法，就是通过储蓄和投资建立核心财产**。这里所说的'建立核心财产'可以看成是在债务和消费中保护自己的训练过程。我们总是盲目地下决心说'开始攒钱'，但实际上为了达到目标而采取行动的人很少。'消费前先储蓄'这句话能解释所有的疑问。从人的本能来看，人们喜欢瞬间的感官刺激，因此如果不给每个月的工资贴上明确的目的标签，强制采取储蓄的行为的话，就会深陷消费的沼泽难以自拔。把钱存入银行只通过挣利息达到理财的目的，需要很长的时间，**但是盯着账户里的存款，看着它一点点变多是抑制过度消费很有效的办法**。"

就防止陷入消费的沼泽，如何迈出理财第一步的问题，姜然在顾问主张"储蓄与投资并行"。

听完这出乎意料简单的回答，主持人仿佛是要代替那些等待着答案的旁听者发问似的，边笑边说：

"也就是说，不是把花剩下的钱存起来，而是要先存钱，存完剩下的部分再用作开销，对吧？这说起来很简单，但做起来是相当难的啊。"

姜然在顾问点点头，说："是的，因为花钱的欲望要远远大于存钱的欲望，才会导致每次下决心存钱都会失败。所以，设定明确的经济目标，有意识地给自己赋予一个必须要存钱的任务才是最重要的。要建立好必需的核心财产，推荐使用自动转账功能将每个月的工资中一定比例的资金强制存储起来。在这里强调一个名词'心理会计（Mental Accounting）'。"

姜顾问刚刚的话里出现了让人难以理解的词语，从旁听者的眼神里就能看出他们有些迷惑。

这时主持人在旁听者和观众感觉无法理解的时候插话了，他说：

"对于普通人而言，会计一词就已经很难理解了，这'心理会计'，又是什么意思呢？"

姜然在顾问解释说：

"'心理会计'是芝加哥大学行为科学教授查德·泰勒最先提出的一个概念。是指人们通常按照几个不现实的名目来制定心理账户，从而把自己的钱范畴化；由于心理账户的存在，人们在做决策时往往会违背一些简单的经济运算法则，从而做出许多非理性的消费行为的理论。简单地说，钱是没有名称的，但我们却给钱加上了'工资'、'奖金'、'白来的钱'等名称，依据不同的名称，这些钱是被花掉还是被存储起来的用途就不一样了。例如，偶然间在抽屉里发现了一张100元，人们会不自觉地把它归为'白来的钱'这一类，这样这笔钱很容易就会被花掉。"

"因为是意外得到的钱，所以会很容易被花掉吧？"主持人补充说。

　　姜然在顾问点点头，说："这时候，我们往往会觉得反正也是没费劲就得到的，就会在心里给这些钱起一个'白来的钱'的名字。给这些钱赋予意义，实际上这是一个非常不理性的行为，明明就只是钱，却非要给贴一个名头。这就是'心理会计'。"

　　尹女士有些不太明白，问道：

　　"那么，应该如何运用'心理会计'这一概念呢？"

　　"简单！把这种不理性的心理倒过来用，用在建立核心财产上。举例来说，尹女士您知道公司为您缴养老保险吧？"

　　尹女士点点头，表示知道。

　　"尹女士工资的1/12（8.3%）被作为社会保险自动转存入社保账户，这不单单是针对您个人，所有工薪阶层都享有这样的待遇。直到您离开公司为止，这笔钱会一分不少地被系统地保管起来，到您退休时将会是一笔数目可观的存款。这个例子就是有效地利用'心理会计'的方法。"

　　不要被过度消费的诱惑所动摇，为了存储自身所需要的钱，一定要在建立必需的核心财产后，使用强制储蓄系统来完成存储行为。这是理财顾问给出的忠告。

"现在尹女士需要做的，就是先去银行开设几个自己认为是生活中必需的核心财产账户，并把这些账户与工资账户关联，开启自动转账功能。就像几天前在节目里对金善珉先生所说的那样，**核心财产可以由储备账户、养老账户、购房账户、投资账户、保险账户等构成，能够照亮自己未来的名称，您都能设定。**尹女士还没结婚，这样您的投资账户可以设定为结婚准备金账户。整个存折体系就是'改变命运的10年存折'！"

主持人提出了疑问：

"可是，尹女士不可能把大部分钱存起来啊？她现在还要还信用卡欠款、给父母生活费、养车等等，需要花钱的地方非常多，哪儿还有钱存起来呀？"

这也是我很好奇的部分。实际生活中需要花钱的地方不是一处两处，就算心里想存钱，也不是那么容易就能做到的。所以我也很期待姜然在顾问给出的答案。

"刚开始就算存进去的钱不是很多也没关系。马上开几个对自己来说有意义的账户，每个月以自动转账的方式，按照一定的比例往这几个账户里存钱就行了。这样做至少启动了自己的理财系统，也算是很有意义的一步。以少量的资金存储开始，每个月一点一点的积攒将会变为很大的数额，我相信这些钱能够帮助尹女士找回失去的自信。不仅能让您慢慢地远离债务和过度消费，还能让您体会到攒钱的乐趣。"

望着眼前通过平板电脑回忆着过去的尹女士，我从她脸上看到了隐约的笑容和有着全新感受的表情。

她身上根本没有"集团首位女理事"的优越感，散发出来的反而是潇洒的自信和对事业雄心壮志的气场。

"看完这个，我感觉10年前那初出茅庐的我，样子还蛮清纯可爱的。"

"您现在一样漂亮，与那时相比，岁月带给您的成熟魅力是什么都无法比拟的！"

"哈哈，感谢您的夸奖。那么我们开始吧？我该看什么地方？"

"以聊天的方式和我对话就可以了，已经不是第一次参加节目录制了，您不会紧张吧？"

"怎么能不紧张呢。为我们公司产品代言的那些明星，拍摄广告时还都紧张呢。"

"哈哈！10年前节目结束后，您最先做了什么？"

说实话我对这个问题特别好奇，所以很着急地就先问了出来。

"那个时候我受了很大的刺激，一开始觉得，尽管被信用卡欠款折磨，但相对而言，我过得还算不失败。但上了节目之后，才发现原来我过得非常不好，想赶紧从债务中摆脱出来，更让我着急的是希望重拾自尊心和自信心。我按照理财顾问的忠告在公司附近的银行里开了几个账户，一开始想以自由储蓄的方式存钱的，后来想起要以一定比例的金额自动转账的方式强制存储才对，就开通了每个月按一定的金额往五个账户里自动转账的业务。"

　　"啊，是这样啊。"

　　"想想无论如何也要减少开支，却又不知从何下手。想过搬回家跟父母一起生活，但因为离公司比较远，开车往来的油费反而会增加开支，索性决定还是住在当时的地方，退而求其次把车处理掉了。"

　　"那样会很不方便吧？"

　　"刚开始是有些不方便。但把车处理掉以后，却意外地攒起了一大笔钱。用卖车的钱还了买车的分期款和银行的贷款，减轻了不少负担。再也不用缴纳汽车分期款、油费、停车费、保险费、罚款等费用了，连出去吃饭的次数都减少了，这么算起来真的节约了相当大一笔开销。只是把车卖掉，就节省了那么多费用，着实让我吓了一跳，没想到一辆车竟有这么大的胃口。

"所以直到现在，我都会在新人入职会上对那些新人反复强调'如果只是为耍帅开车的话，早晚会被债务折磨死'这样的金科玉律。呵呵，我相信肯定有新人不以为然，会在背后议论，然后当成一个老人的唠叨来听。这是他们还不知道人生道路上的种种艰辛啊。还有一点值得说明，我把车卖了之后，坐公交或地铁上班，有了能够静下心来思考问题的时间，上班的路上看到那些在公车或地铁上化妆的职业女性，顿受启发，从而研发出了能够快速完成化妆的化妆品，也算是意外的收获。"

25 岁存 1000 元, 相当于 45 岁存 4000 元
——早做打算才能后劲十足

"啊，超流行的那个五种快速化妆品！妻子听说我来这里做采访，说那个系列的产品特别有名。原来是您的杰作啊！"

我惊讶地说道。

每天早上妻子在车里快速化妆用的化妆品竟然是尹女士的创意，真是意想不到啊。

"可以说我是凭借那个系列成功的，虽然汽车也很普遍，但 10 年前，地铁可是乘坐人数最多的重要交通工具呢，尽管它被称作'地狱铁'，哈哈。"

尹女士轻松地开玩笑。

可能我们两个是同龄人的关系，所以能够产生共鸣的地方非常多，我们的对话相当顺畅。

尹女士继续叙述当时想到快速化妆品的创意经过。

"每天一大早起床，很认真地化妆出门，但是一到公司

就发现自己的妆已经花掉了，变成了大熊猫。因此我琢磨出了不会花掉的化妆品，就算早上用很快的速度化妆出门，再怎么在地铁里受折磨都不会花掉的超简单快速化妆品。为了能够达到最好的效果，我用了六个月的时间做实验。自己一个人每天坐地铁上下班，以此来测试效果。"

"您真厉害，居然能把危机转化为机会。"

"因为我很喜欢这份工作，而且是根据自己的需求，寻找出问题的根源并将其解决，所以整个过程一点儿都不觉得累。原本只是为了改善经济状况而降低开销，没想到那个契机却让我灵光乍现想到了这个成功的点子。这可以算是我人生的转折点吧！"

"所以凭着这个创意，您就升职了？"

"可以这么说吧。这个产品系列每年都更新升级，我也就跟着升职加薪。"

"那您现在是如何理财的呢？"

"当初从五个账户开始，现在加上老公的账户、保险单据、年金等有 20 多个存折，利滚利的复利年金理财商品和投资型理财产品等应有尽有。现在攒的这些钱应该足够我养老的费用了。结婚 3 年了还没有孩子，所以没有什么太大花销的地方。另外，自从那次把车卖了以后就再没买车，升为理事后公司有专车，需要的时候就用一下。"

"能不能跟观众朋友们分享一下，10 年前节目中，到现在都还记忆犹新的部分呢？"

"记忆最深刻的话？啊！姜老师讲的巴比伦奴隶的故事让我感触很深，有种被债务在啃噬灵魂的感觉。说到底信用卡也是债务的一种，如果那时候被债务束缚一辈子过着奴隶的生活的话，想想都觉得后怕！另外，姜老师说过的 '即使是同样的金额，20 多岁的工资和 40 多岁的工资有着 4 倍的价值差异' 这句话，真的是说到我心坎儿上了。就是说 20 多岁收到的 5700 元的工资，相当于 40 多岁时拿到 2.3 万元工资的价值，在这里强调的是年轻时挣的钱，有着与这些钱本身价值差不多的分量。因此他说趁着还年轻要赶快制定投资和储蓄计划。"

"啊，那时候的节目里有这段，那让我们再看看当年的节目吧。"

通过资料片看到了用着坚定的语气讲解着的姜然在顾问。

"假设复利利息率为 10%，从 25 岁开始按月存储直到 60 岁。即使坚持每月只存 1500 元，到你退休的时候至少也会积累到 575 万元了。就算工资再少，也要尽早开始实施长期投资计划，因为真的不知不觉就会到了退休的年龄。当然坚持以每月工资的一部分做投资是一件不容易的事，其实世界上有不计其数的人都做不到每月拿出工资的 10% 坚持储蓄。如果一直纠结于'怎样才能持续存储10%呢'这样的问题的话，时间久了有可能你的工资将变成毫无用武之地的废纸。

"如果想在 55 岁的时候攒够 575 万元，若从现在开始实行储蓄计划，那么每个月要存多少钱呢？我们从 25 岁、35 岁、45 岁开始分三种情况来分析。

"从 25 岁开始储蓄到 55 岁有 31 年的时间，这样每个月只需要存储 2400 元即可；但是从 35 岁开始的人，每个月要存储 6800 元；从 45 岁开始的人每个月要存储 23500 元。按照各个年龄段来计算存储的本金，25 岁开始的人存储本金为 89 万元；35 岁开始的人储蓄本金为 173 万元；而 45 岁开始的人储蓄本金为 310 万元。即使是相同的 575 万元为目标金额，根据开始储蓄的时间不同，需储蓄的本金也明显不同。而且越是开始得晚的人受的损失就越大，在目标金额相同的前提下，45 岁开始决定储蓄的人比 25 岁开始的人要多存储 221 万元才能达到目标金额。相反从 25 岁就开始储蓄的人，可以利用'长时间'这一特殊情况，节省 221 万元，所以说还是年轻好啊。

"有的人因在机会面前磨磨蹭蹭而付出代价，失去金钱。反之，也有人从年轻时就开始储蓄，便很早就脱离了为钱担心的日子。你想成为哪种人呢？现在就是一个机会。陷入享受青春的陷阱，20多岁时不为日后做准备或拖延结婚生子的人就会虚度30多岁的光阴，然后在40～50岁的时候将被冰冷的回旋镖击中。"

看资料片的尹女士，一直自信满满，10年前那个因过度消费和信用卡欠款而喘不过气来的她重整旗鼓，现在她不仅站在了牢固的经济基石上，更是成为了自己工作领域里的带头人，工作生活两相悦。

"尹女士您的挑战工作的道路不会到此就结束了吧？"

"当然不会！"

"那么尹女士的下一个挑战的目标是什么呢？"

"抗衰老！我马上就35岁了，脸上开始长皱纹了，还有松弛的皮肤也令人伤神啊。"

"抗衰老，这不是一件凭人为的力量就能完成的事呀！"

"Never ever！为什么女性就只能去整形医院做整容手术？估计您10年后还会来采访我的。"

"不知疲倦的点子银行"，这应该是她最大的竞争力了。

我为她的自信而感到吃惊，经济的魔力竟然这么大，可以彻底改变一个人，从萎靡不振到充满信心，可见，合理理财真的相当重要。

10 Years
Bankbook

无房零存款年过半百，
挣 460 万的秘诀

—— "80 减年龄" 投资法，收益更稳健

　　人到中年，孩子是天，养老、保险统统为投资孩子让路，然而坐等孩子出人头地再来帮你，靠谱吗？殊不知，自己养老才是对孩子最真的爱！不增加子女负担、不委曲求全，这才是最幸福的晚年生活。

　　养老靠自己，洒脱又独立。

乐享财富人生之朱武日：
提前退休，以兴趣为工作

走近位于缓坡上的韩屋，一进院子，首先映入眼帘的是千娇百媚、竞相开放的花，韩屋的屋顶与周围的景色搭配得很和谐。

两间韩屋以一整块地板连接着，屋内摆放着几张桌子和几把椅子，院子里的木雕品散发着特有的气息，凸显出桌椅简约的设计风格，一看就知道不是一般人能有的手艺。

摄像组正忙着安置拍摄装备，而今天的主人公朱武日先生和两个小孩儿正埋头苦干，不知在做什么。

我先开口为自己的迟到道歉："对不起，我来晚了，入口处有些堵车。"

朱武日理解地说："今天是周末，所以有很多人都来山里玩。"

过了一会儿，朱武日的妻子和儿媳妇端来了茶和点心。

"来的路上辛苦了，先喝杯凉茶解解渴吧。"

"谢谢。这是您的孙子们吗？"

"是啊，我们家祖祖辈辈都结婚早，所以孙子们也都不小了。这不周末了，从首尔过来玩，说要做什么变形金刚，从早上就开始缠着爷爷不放了。"

"您好！"

孩子们用洪亮的声音跟我打着招呼。

"爷爷要跟这位叔叔一起开始工作了，你们先去小河边玩儿吧。"

孩子们兴奋地尖叫着，朝小河的方向跑去，朱武日的妻子望着孩子们的背影叮嘱他们要小心。

这可真是一个幸福家庭的模样啊。

"您是怎么想到要在这儿建韩屋的呢？听说光建筑费就不便宜啊。"

"我以前工作的公司是做建筑材料的，所以我对房屋建筑很感兴趣，那时就老想要是能在农村盖间韩屋，在里面度过余生就好了。等真的住进韩屋后，感受到最纯朴的清新舒适，就明白了为什么人们总说韩屋是最理想的住宅了，我们的祖先真会享受。"

"也不知道我看得对不对，感觉这些桌椅、茶具，和院子里的木雕品好像都出自艺术家之手啊？"

"何以见得？"

朱武日先生的妻子目光炯炯，微笑着问道。

"不像是机器批量制作出来的东西，反而像是手工制作的。"

听到这话，朱武日夫妇相互看了看，随之莞尔一笑，这时朱先生的儿媳妇开口说：

"这些都是我公公婆婆亲手做的。"

"真的吗？"

"当然是真的呀，这家里所有的家具都是我公公亲手做的，还开过两次展览会呢。"

"哇，您真了不起，原来是真人不露相啊。"

"我还算是有点儿手艺的吧！"

朱武日还是那么的风趣、健谈，以前在出演节目的时候就经常能逗得观众们哈哈大笑，现在看来，他的幽默感依旧不减当年啊。

"这哪儿是还算有点儿手艺啊，这些简直就是艺术品呀！这套茶具该不会是夫人亲手做的吧？"

"屋子后面有一个电窑，一开始只是当作乐趣随便做着玩而已，没想到市场反响还不错。"

"什么反响还不错啊？她可比我有钱多了。"朱武日调侃妻子说。

朱武日夫妇过得并非一般的老年退休生活，可以说是第二人生之艺术人生啊。朱武日早就以制作纯手工家具而名声在外了，妻子在网上开店卖些传统陶器也挣了不少钱。

"真是很了不起啊！不管是泥土还是木头，把它们变成一件艺术品是很不容易的事啊。"

"我在建筑材料公司工作时就很喜欢用木头做些东西。正是借着出演《魔法十年》这个节目的契机，才让我下决心利用这门手艺做家具来卖的。虽然公司里正常的退休年龄是57岁，我自己准备得也差不多了，公司说名誉退休也会给退休金，所以我52岁的时候办理了退休手续，回到家乡盖了这套韩屋。这里将是我后半生的家和工作室，搬回家乡来住也节省了租房的费用，过着做家具卖家具的日子，生活也不错。"

接下来，朱武日的儿媳妇又详细解释说：

"不仅仅是孩子们喜欢，使用起来也很方便，而且设计得非常漂亮。我为了炫耀一下公公的手艺，把家具的照片上传到了孩子家长聚会的博客上，没想到大家都争先恐后地下订单预订。现在因为订单量太多做不过来，所以只能以预订销售的形式卖。公公婆婆比孩子他爸挣得还多呢。"

"现在您才55岁，至少还能再干30年啊！"

朱武日豪迈地说："做自己喜欢的事，还能挣钱，没有比这再幸福的事了。能干就干，一直到干不动了为止。"

"但是，夫人您就不想念城市的生活吗？再怎么说农村也有很多不方便的地方啊。"

"开车10分钟到镇上什么都有，所以也不会觉得不方便。反倒是最近一去市中心，就想赶紧回家来，空气太污浊了，也不知道以前是怎么生活过来的。"

朱武日的妻子，已经浸透了农村主妇们的悠闲气质，假装抱怨自己的丈夫说：

"当初我说要来这里的时候，是谁强烈反对来的。"

朱武日挠挠头，不好意思地说："我那时确实有些反对，不想来的。"

"哈哈。如果说我们这些上班族有个梦想的话，那就是能像二位这样，生活在这样的家里享受悠闲的晚年生活了。"

凉爽的风吹过，吹得院内草地中央的松树树枝沙沙作响。朱武日夫妇准备就绪后，就在院子里一个角落的长凳上开始了采访。

"我们首先回顾一下10年前的那档节目，然后我们再聊一聊。我可能会在中间穿插着提出几个问题，你们也不用紧张，凭着直觉回答就好。"

朱武日向坐在旁边的妻子问道：

"你不紧张吗？"

"这有什么可紧张的，不是按照导演说的去做就行了吗？这么说来你紧张啊？"

"看来这个人完全具备电视明星的素质啊，我第一次参加拍摄的时候特别紧张。"

　　"哈哈。我看夫人也是一点儿都不紧张啊。"

　　氛围轻松而自然。

　　我打开平板电脑，画面上出现的是 2012 年当时 45 岁的朱武日。李忠实主持人在白板上一边画图，一边介绍着朱武日的经济现状。

吃钱
的孩子们

　　"朱武日先生今年45岁，就职于一家中小企业，到现在已经在这家公司工作20年了，家里有一个正在上大二的儿子和一个在复读的女儿。儿子的学费、女儿的辅导班费，对他来说是一个很大的负担。"

　　听主持人介绍完之后，朱武日说："大儿子的学校在首尔近郊，除了学费每个月还要缴纳住宿费，负担不小啊。再加上，女儿不太满意考入的大学，现在正在复读准备重考。他们两个的开销占我们家的绝大部分，这简直是'吃钱的孩子们'啊！"

　　旁听者听到"吃钱的孩子们"这个形容词时都忍不住笑了起来，大家并不是因为这个形容很有意思发笑，**而是因为教育费用问题是所有学生家长不可回避的现实问题，这让大家瞬间产生了共鸣。**

　　"哈哈。看来在座的各位也都有同样的感受啊。朱武日先生的情况是孩子们的教育费用在家庭经济开支中占有很大的比重，因此用'吃钱的孩子们'这个词来形容一点儿都不为过。那么，现在我们先来了解一下朱武日先生的具体情况，然后再请姜然在老师和他进行一对一的咨询。请先看大屏幕。"

屏幕上出现了朱武日夫妇，夫人率先开口。

"我们夫妻俩根本就没有储蓄的念头，不是我们不想存钱，而是因为缴纳大儿子的学费和小女儿的辅导费都很吃力，根本没有多余的钱拿出来储蓄。**工资一到账，就像退潮似的全部被自动转出，用来缴纳各种费用了。**大儿子考入大学的时候开始使用负贷款账户。结果钱根本还不上，之后只好用信用贷款来偿还。"

接着朱武日面带忧愁地讲述着目前自己的经济状况。

"我刚开始工作没多久就结婚了，原本感觉自己活得挺知足的。我是一个很乐观的人，因此不太喜欢按计划生活，工作20年了，从没做过理财计划。但也从不胡乱花钱，钱都是妻子在管理，能有现在的生活也多亏了妻子的精打细算。孩子们上初中、高中的时候我们几乎都没有在外面吃过一次饭，有时候自己觉得委屈，就自我安慰说'大家都是这么辛苦地过来的'来说服自己，于是咬紧牙关又忍了过来。可是，当大儿子上了大学、女儿开始复读以后，就再也承受不住了。

工资一到账，还不够偿还房贷和缴纳孩子们的学费呢，想到往后的生活，简直是眼前一片迷茫啊。说起我的财产，那除了现在住的这套公寓外就什么都没有了。这套房子到现在还有85万元的银行贷款没有还清呢，按照现在房子的市价200万元来计算，扣除贷款，我的财产只有115万元而已。"

朱武日的妻子接着丈夫的话继续说道：

"这房子是贷款买的，到现在还没还清，准确地说我们手中一点儿财产都没有。最让我们感觉有负担的是孩子们的学费，所以最害怕的就是突然没了工作。最近因为经济低迷，导致建筑业不景气，听说丈夫工作的公司运转状况也不是很好。"

折磨朱武日夫妻两人的不只是孩子们的学费问题，还有别的问题也让他们很头疼。

"再加上最近父亲被查出心脏不太好，看病的钱也是个不小的数目啊。"

我听了朱武日夫妇的故事，发现我现在的处境也与之相似，心里一片茫然。可是，看着现在的朱武日夫妻二人，根本想象不到他们10年前的境地那么无望。他们到底是如何把生活变得这么富裕的呢？能够解决我问题的答案就在这个资料片里，我看得更加入神了。

"下面介绍一下刚刚录像里的主人公。"

主持人李忠实向旁听者和观众们介绍着走进演播室的朱武日先生，然后看着镜头开始说道：

"正如刚刚大家所看到的，朱武日先生现在的情况就是**要负担子女们的学费和父母的医疗费，价值 115 万元的一套公寓是他唯一的财产。**想必演播室里在座的旁听者和电视机前的观众朋友中，处于这样的情况或马上面临相同状况的人不在少数。在了解如何应对这种无望的现实前，让我们先了解一下朱武日的养老生活需要多少钱吧。"

每月存 8620 元，
才能为 60 岁的自己养老？
虽要笑到最后，也不能苦了现在

　　"假设现在 45 岁的朱武日先生 15 年后 60 岁的时候退休，按照现在的物价计算每个月的生活费为 11000 元，再往后的 25 年将没有一分收入，那么到 60 岁为止他应该攒出多少钱才够用呢？朱先生，请您大胆地设想一下。"

　　主持人向朱武日先生提出了以上问题。大概这是朱武日先生没想到的问题，他有些慌张地东张西望，并没能给出个答案。

　　"这个……"

　　"像朱武日先生这样的 45 岁男性需要多少养老资金呢？我们做了一道算术题，大家请看大屏幕。"

　　主持人的话音一落，屏幕上就出现了一行"所需养老金为 350 万元"的大字。

　　"正如画面上出现的数字，朱武日先生到 60 岁的时候最少要有大约 350 万元的养老资金，才能保证晚年的生活。

这还是在物价不会变的假设下，按照一年 140000 元的生活费乘以 25 年得出的简单数字核算而已。当物价上涨或是晚年生活变长的话，那么所需的资金就会比这个数字要大。光想想这个数字就已经很让人感到压力了，那么朱先生在 60 岁时要有 350 万元的话，应如何储蓄呢？假设他精通投资，能够按照 10% 的复利来攒钱的话，得出的结论是每个月至少要投资 8620 元才能攒够所需的 350 万元。"

听了这话，朱武日的脸涨红了，镜头慢慢推近给了他一个特写，他用带着一点儿自嘲的口气说道：

"眼前我连存 862 元都成问题！何况每个月要 8620 元？哎哟！就算从现在开始做养老准备，也不会太顺利的，我的人生简直是挂了倒挡在不停地后退啊。再怎么说也不能不给两个孩子交学费，而是每个月拿出 8620 元来做养老准备啊。"

听了朱武日的话，主持人也只是看着他笑了笑。与朱武日年纪差不多的他流露出能够充分理解中年人的苦楚的眼神，带着担忧的表情对着观众们说道：

"现在 40 多岁到 50 岁的人大概会是最后一代供养父母的人了，指望我们的孩子那一代人供养父母是很难的，估计没有哪个父母愿意成为孩子们的累赘吧。"

一直静观着主持人与朱武日对话的姜然在顾问，在听完主持人的话后补充道：

"供养这个词现在是一个包含着家人之间亲情的词语，但当 10 年后正式进入老龄化时代起，这个词将变成一个非常可怕的词语。依靠谁来生存这样的事让人太为难了，谁都不愿成为别人的包袱，谁都想追求自己独立的生活。老年人也是如此，没有一家父母愿意依赖自己的子女生活。"

主持人说："下面想听一听在座各位的意见，针对供养父母的问题或自己老年生活将如何度过等，请随便说说你们的想法。坐在最前面的那位 20 多岁的漂亮姑娘，请把麦克风递给她。"

与前面金善珉和尹女士二人的事例相比，能够明显看出主持人对朱武日的问题采取了更加深入处理的态度。因为养老问题正在慢慢地升华为严重的社会问题。

"大家好，我叫金度妍，谢谢您夸奖我，其实我已经 33 岁了，只是看上去像 20 来岁而已。"

演播室里原本有些沉闷的气氛，被这姑娘的一番话打破了，旁听者们纷纷哈哈大笑。

父母老了，
消费却日渐增多

　　"10年前父母离婚了，现在我跟妈妈一起生活。他们离婚时我还在读大学，为了挣学费我自己打工，做家教，妈妈在餐馆工作，我们生活得很艰苦。好在苦尽甘来，大学毕业我找到工作后，家庭情况就慢慢变好了。我不想妈妈再去餐厅打工，怕她太累，但她说不想成为我的负担，所以现在依旧早出晚归。"

　　"我为了自己的将来和妈妈的老年生活，从几年前就开始存钱了，呵呵，还跟男朋友说得很明白，婚后一定要供养妈妈。我自认为已经很努力地为以后做准备了，可是对未来的恐惧，依旧让我感到很不安。所以今天特意来参加这期节目，就是为了向姜然在老师学习如何面对养老问题和应该做什么样的准备。"

　　在场的所有旁听者、主持人和理财顾问都为这位姑娘鼓起了掌，我在心里也同样为她鼓起了掌。父母离婚后应该会很难过，但她不仅克服了这个问题，还为自己和妈妈的将来做了规划。这让我感到惭愧。

过了一会儿，一位与朱武日先生年龄差不多的男士接着说道：

"我叫李东宪，今年46岁。我父亲今年72岁，母亲70岁了。父亲10年前名誉退休后，用退休金做了好几次生意，但是没有一个成功的。之后的大约6年间，父亲一直在一个学院当校车司机，但从前年开始他的体力明显跟不上了，也就辞去了工作，现在我和哥哥每个月各自给父母2500元，他们就靠这些钱生活。可是去年冬天哥哥伤到了腰，而且还很严重，哥哥不能再工作，且有高额的医疗费，这样哥哥一家的生活也变得拮据起来，无法再提供给父母生活费，于是我把他们接到了我家一起生活。

"别人都很羡慕我在大企业里工作，但是每个月有生活开销、还贷款，还要负担孩子们的教育费等等，其实我的生活也并不富裕。再加上，总不能老让父母整天呆在家里啊，就在文化中心给他们报了名，偶尔还送他们去旅游，这样算下来为父母花的钱比想象中的要多很多。我们尽孝道毋庸置疑，但面对这越来越多的生活支出，真的不知该如何是好了。

我今天是为找到如何理财的答案而来的。"

事实上在迫不得已供养着父母的人群里，有很多都对父母冷淡相待，而李东宪先生为父母尽着最大的努力，想让他们生活得更舒服些，已经做得很好了。但是如果不为应对支出越来越多的情况而制定计划的话，以后供养父母会变得更难。因为我们不可能强迫不挣钱的老人们不花钱啊。

接着主持人开口道：

"其实养老这一问题不是我们想逃避就能逃得开的，不是吗？40多岁的户主还要再供养一对年迈的老人，这肩上的担子不是一般的重啊。如果仅是吃穿的话，只要在饭桌上添上一双筷子就能解决了，但从刚才李东宪先生介绍的情况可以看出，老人们虽然从工作岗位上退了休，但在消费活动中他们没有退休。因此，特别想说最好的理财方式应该是做一辈子都不用为钱发愁的事。"

朱武日也和旁听者们一样点着头，表示同意主持人所说的观点。

主持人看到大家也认为做养老准备是很重要的，于是便向理财顾问提出了问题。

"好！现在开始对朱武日先生的经济情况做一个诊断吧，请姜然在老师正式地给朱先生一些忠告。"

"像朱武日先生这样的中产阶层，如果不为未来制定人生计划的话，一般所有的经济能力会在孩子们结婚的时候被消磨殆尽的。再过5年朱先生就50岁了，那时孩子们才大学毕业进入社会。而且在工作个5～7年后，您就要面临退休了，到那时您的养老资金能攒多少？"

姜然在顾问开门见山地向朱武日提出了问题，只见朱武日的表情突然变得暗淡下来了。

"谁知道呢，先别说养老资金了，现在连贷款还没还清呢。"

朱武日这才感觉到原来自己对养老问题没有一点儿对策，这也是大部分户主在现实生活中想要逃避的一个重要问题。退休后能够靠着之前挣的钱生活一段时间，但是一想到60岁以后要靠什么来生活，顿时觉得眼前一片漆黑。

"朱武日先生，如果您还像现在这样毫无计划地生活，那么您老年的生活就只能靠子女了。尽管有退休金和国民年金，但是没有子女的帮助，到那时想独立生活是很困难的。再加上，子女们要供养父母30年，这是多么大的负担啊。"

"还要供养30年，光想想就感觉很可怕了。可是为什么是30年呢？"

"您觉得61岁以后，您还能活多久？"

"男性的平均寿命在慢慢地变长，最少也能活到80岁吧。那应该是20年啊？"

"现在医学技术越来越发达，就算您能活到 80 岁，那您的妻子呢？一项统计表明女性的平均寿命基本比男性长 7 年左右。您的妻子比您小 3 岁，您死后妻子还要再活 10 年，所以要把这 10 年也算上啊。"

　　"原来如此啊。我 61 岁的时候儿子 35 岁，正是努力挣钱的时期。从那时算起儿子还要再供养我和妻子 30 年。呵，这真是，重蹈我的覆辙啊。"

后顾无忧才是真正的
子女投资

"已进入初老龄化时代的我国，在 10 年后有经济活动能力的青年人口（15 ～ 64 岁之间的人）中每 4 人就要供养 1 名老人，而在 1970 年，当时是 17 名青年人供养 1 名老人，到 2011 年就已变成了 7 名青年人供养 1 名老人。虽然供养老人不是件难事，但 10 ～ 20 年后年轻人为了供养老人将直不起腰来。将来我们的孩子们的工资中，有近 40% 的部分被作为养老服务事业税和年金、健康保险等上缴。子女们的生活将更窘迫啊。"

朱武日表示，本来就觉得没能让孩子们受更好的教育很对不起他们，以后更不想成为孩子们的累赘。主持人总结了姜然在顾问的话后，又说了这样一段话：

"这么说来，现在因为把钱都投资在孩子们的教育上，而没能为养老做准备，等老了以后还要依靠孩子们生活，实际上这并不是为孩子们着想。因此，中年以后赚的钱要是想用在养老以外的用途上，就一定要深思熟虑后再做决定啊。"

"是的。眼前必需的是子女教育费和未来的养老费，一定要考虑好这两者的先后顺序，有智慧地做养老准备。朱武日先生现在倾注所有投资于子女的教育，但10年后在经济上要依赖孩子们的时候，您肯定会后悔的。以30多岁男性为研究对象的一项调查表明，**晚年在经济上不独立的父母是不被尊敬的**。想想到了晚年，得不到子女的尊敬是一件多么悲惨的事啊。因此，做养老准备并不是夫妻俩自私的行动，可以说是为了子女们美好的未来而做的准备。**做好晚年养老准备直至死亡来临都不依靠子女才是对子女最好的教育**。所以我认为从某种角度来看养老资金才是真正的子女教育资金。"

转换退休模式，
70 岁后拥有 575 万元

朱武日先生鼓起勇气向理财顾问诉起了苦。

"听了姜老师的话以后，我真正地明白了做养老准备是非常重要的事。但是应该早些时候做准备的，感觉现在才开始是不是太晚了？让人很郁闷啊。随着年纪越来越大，花钱的地方也越来越多了，现在开始准备养老的话也准备不了几年了，而且又不能一下就拿出几万元来储蓄。一直在说养老资金需要几百万元，所以姜老师您说的，对我来说简直是天方夜谭啊。"

这时主持人开口，强调朱武日先生所说的情况。

"原以为老了就不会有太多花钱的地方了，但是通过我周围和父母生活在一起的朋友们了解到，除了生活费还会有医疗费等，**比想象中需要花钱的地方多很多。就算退休了钱也永远不够花！**事实上现在很多中年人都还没有做好养老准备，能够挣钱的日子越来越少了，到底要怎么办呢？"

旁听席上在座的所有人都有着同样的想法，正如谁都不愿意过悲惨的养老生活，就像没有能解决的办法一样，整个演播室里一片寂静。这时，姜然在顾问开口说：

　　"我现在想给年龄在四五十岁的朋友们提出一个'人生模式转换期'的概念。现在要小心谨慎，尽量不去碰触深入大众心里的'恐惧模式'，这是从很久以前就已经深入生活，在老龄化时代的我们心里的一种模式。从现在开始要计划未来50年的生活。通过与朱武日先生的对话，我了解到他一直是围绕着'50多岁退休'这一既定事实来说的。那么您从现在的公司退休以后，什么都不打算干了吗？在我看来，朱先生连100岁时代的一半都还没走完呢。"

　　朱武日感同身受地说："其实我正值工作的年龄，一想到要退休就觉得很冤，就好像自己是一件没用的东西，有种再也不能工作了的愧疚感。这还没到退休的年纪就已经有这样的感觉了，真的到了退休的时候怎么能不害怕呢。"

　　"包括朱武日先生在内的我国大多数中年人都认为从第一份工作中退休就是人生的退休了，其实这种观点是错误的。可能会觉得第一份工作的退休来得很快，但后半辈子就真的什么都不干光吃老本儿吗？请将我的话铭记于心。日后能够工作的时间并不是'只有10年'，**我们最少能够工作到70岁，所以请本着往后还能再工作个二三十年的态度为人生的下半**

场做好准备吧。现在是平均寿命90～100岁的时代，后50年总不能就无所事事地虚度过去吧？晚年时没事做反而是一种痛苦，这是很多前辈亲身经历后的经验之谈！"

看着以很肯定的语气强调的理财顾问，朱武日先生似乎明白了什么似的，开口说道：

"我也是迫切地想改变这种'50多岁退休'的强迫性观念。每每看到公司的后辈们就想干脆45岁前就辞职，多给年轻人些机会。但是一想到我的经济情况，心里就觉得堵得慌。听了姜老师的话，我突然感觉到即使不做现在的工作，也要计划好人生在下半场里能够做的事，这才是养老准备的捷径。"

"是的。和为退休后的生活攒养老资金一样，培养在人生下半场工作的能力也是很重要的。**年纪大了也能做点什么，不仅能成为经济上的后盾，也是生活的调味剂。**下面我们来说一说必须要打破'50多岁退休'这一观念的理由。"

当时的朱武日因为"为了以后的老年生活应该攒钱"的强迫观念，从未具体地计划过退休后要干些什么、要怎么生活。

"如果朱武日先生为了以后养老而存钱的话，我们假设从现在开始以每月6321元，年利息率为8%的复利形式存储。我们用55岁退休这一公式来计算，那么10年后55岁时能够攒到115万元。用这笔钱来度过55岁以后的退休生活的话，很明显根本不够用，就算再节省估计在 70 岁之前也就花得差不多了。但是，如果将'50 多岁退休'这一模式转变为 70 岁退休的话，与之前相比有 25 年的时间可以攒养老资金，那么到 70 岁时将会有 575 万元在手里。直到 70 岁退休之前都可以用工作收入作为生活开销，根本不会用到养老资金，因此 70 岁以后就能用这 575 万元的养老资金安稳地度过余生了。"

　　只是改变了对退休模式的认知观念，就能够多攒出是以前五倍的养老资金。听到这儿，旁听者纷纷发出"哇"的感叹。刚才还一直沉浸在一片死寂中的演播室，气氛一下子就活跃了起来。

合理规划
15 年存出 460 万元

"嗯……算的倒是没错，可是 60 岁以后怎么能每个月存 6321 元呢？"

刚刚还在为"70 岁退休"的观点着迷的朱武日有些无精打采地提出了他的疑问。

"往后的 10 ～ 15 年里钱的价值会如何改变呢？到那时钱的价值当然是会比现在低的。也许等朱武日先生 55 岁、60 岁，或是 70 岁的时候，因为物价的上涨，现在的 6321 元的价值就跌得只剩一半都不到了呢。所以 60 岁以后也一直坚持工作的话，对存钱的负担感会减少为现在的一半。"

尽管朱武日先生对理财顾问的"钱的价值下跌，工作到 70 岁并坚持储蓄时负担感会减少"的观点表示赞同，但他对"60 岁以后也能够存钱"这样的观点的怀疑并没有减少。

"就'应该给人生的下半场一个长远的规划'这一观点我也有同感，这似乎是给'下决心工作到 70 岁'一个契机。

但是，过了 60 岁真的还能像四五十岁那样继续以同样的数额存储养老资金吗？"

"从朱先生的表情来看，到现在还是不能相信就算 60 岁以后有固定收入也可以继续存钱的观点。那么退一步讲，60 岁后挣的钱都作为生活费而不能继续存钱的话，那将有什么样的结果呢？60 岁以后还是用挣来的钱维持生活，那么 61 岁到 70 岁的 10 年里根本不用动之前 15 年间攒起来的养老资金，这些钱只要在银行里吃利息就可以了。**那么 10 年间一分都不动的这些钱，到 70 岁的时候到底会变成多少呢？请不要惊讶，这些钱将有 460 万元**。与一直存钱到 70 岁退休能攒到 575 万元相比，这笔钱确实是稍微少了些，但是我认为这些钱也能幸福地度过余生了。这个算不算是大家通过今天的节目获得的最大收获呢？"

理财顾问的这一席话瞬间使旁听者们豁然开朗起来，大家不约而同地鼓起了掌。

"大家是不是觉得能够攒出这么多钱很不可思议！"

主持人显然有些激动，旁边的朱武日脸上也露出了安心的表情。他以有些颤抖的声音说道：

"啊，原来也可以这样计算啊？"

"最重要的还是'决心'二字，朱武日夫妇向孩子们展示他们一辈子都要独立生活的'决心'才是最重要的。首先不能被那些诱导乱花钱的诱惑卷走，要充实家庭经济、滴水不漏地进行管理。"

"真的是要勒紧裤腰带，才能勉强每个月攒出这些钱，得生活得特别紧张啊！"

"只要下决心从现在开始过几年与别人不同的生活，那么几年后您将过上不同于别人的生活。将精力集中于一件事上，肯定在这件事上会得到回报的。人生在 40 多岁的时候正是需要集中精力于一个地方的时期，因为这个时候如果是干干这个弄弄那个，在资产和人际关系上很容易发生固定支出，就算能挣到更多的钱也会经常碰到不够用的情况。即使不是本人的意愿，也防止不了事态的不断扩大，所以这个时期内充实自己的内在才是最重要的。如果不整理掉那些没有用的资产和人际关系的话，事态早晚会像胀大的气球一样爆掉的！"

"财产减肥"，
剔除经济泡沫

"您的意思就是说，我们很有可能会在一瞬间变得一无所有。哈哈！仔细想想，姜顾问很擅长隐喻啊。"

听了主持人的话后，大家都笑了。

"哈哈哈！这就是财产泡沫，就像胀大的气球一瞬间'砰'的一声就爆了。家庭经济的不充实，是由我们内心的贪欲和毫无根源的乐观主义造成的。**就好像赌博中赌注越来越大一样，年纪大了财产也会渐渐变多，但是实际上大部分情况都是人生泡沫。**人生泡沫制造出来的，就是完全没用的财产和奢侈。20～30岁享受人生，40岁将全部倾注于子女的教育，造成一切过度支出的都是人生泡沫啊。至少从现在开始要分清真财产和假财产，**处理掉假财产减少人生泡沫。**不然的话，会在决定性的瞬间里无法收拾那爆炸的气球，使自己的人生变得困难。例如，在公司的组织结构调整中被迫离职，就在这一瞬间出现股票暴跌或房价暴跌等情况，所有的灾祸就一起聚集而来了。"

朱武日表示赞同说：

"那么现在要赶快从我拥有的财产中剔除不必要的，把所有精力都集中于一件事上才是当务之急啊。"

"简单地说就是财产减肥，留下朱武日先生人生下半场所必需的财产，其他的都处理掉。成功并不取决于做事的数量和次数，现在40多岁的年纪是通过减量经营的方式为人生下半场做准备的绝好机会。"

"财产减肥"这样的词语勾起了大家的好奇心。旁听者们仿佛要把姜然在顾问看穿似的紧盯着他，并认真地听着他的每一句话。

"您用了财产减肥这样一个特别的词，到底这个词的意义何在呢？"

主持人也满怀期待地向理财顾问提出了问题。

"减少不能兑现的财产比重，处理毫无用处的财产。换句话说，就是**减少那些在必要时不能兑现的财产。**"

"不是也有那种不能马上兑现，但长期保管后会值一大笔钱的情况吗？我们常见的房地产投资就是这种套路……"

全部财产仅为一套公寓的朱武日不知是不是听到"兑现"二字吓了一跳，赶紧提出问题。

"我想要表达的是，资金是运转着的，只要确保需要的时候确实有就可以了。在养老生活中人们因为钱而犯愁的情况，都是因为没有把现金流动放在心上，而是只执着于眼前的财产了。数十年的优良企业以破产而告终，以及年轻时很风光的人老后生活悲惨，这都是因为忽略了资产兑现的重要性。"

理财顾问的话音才落，朱武日先生的脸色就暗淡了下来，他以非常失望的语气继续问道：

"那我的兑现财产就是零啊，就算手头紧我也一次都没有想过要卖掉房子或是换一个小点儿的，说实话房子不仅是我的全部财产，也是我的归属感所在，难道要卖掉吗？"

"尽管房子是家人的珍贵财产，但是当年金或储蓄金已经不够用了，那么维持着这个大房子还有什么意义呢。**如果房子占总财产中不可兑现资产的50%以上的话，那么就算是减小规模也要把它变成跟年金一样能够兑现**。当然不是让您现在就这么做，而是要以这样的概念来长期地整理财产。

"现在45岁的您在退休之前，将面对很多次与房子有关的经济选择的，因此您需要考虑我之前所说的情况，做出明智的选择。急躁地下决定不是好事，重要的是要长时间地平衡房子与金融财产的比重。"

看着情绪稳定下来的朱武日，主持人开始整理咨询的内容了。

"姜然在老师真的给了我们很多忠告。包括刚刚说的平衡房子和金融财产的比重是很重要的，还有'打破50多岁退休'的观念，和要做充实的养老准备等等。那么接下来想听一听朱武日先生对将来的准备。"

　　"首先谢谢姜老师今天的忠告。到今天为止，一直都在担心养老的资金问题，从未具体地想过应该怎样幸福地干些什么。接下来我要先想一想有什么工作是能够一直干到70岁的，并从现在开始，每个月从工资中拿出一部分作为养老资金坚持存款。另外，孩子们大学毕业工作几年就都要结婚了，到那时如果房价能够有所上涨的话，就计划着把现在住的房子卖掉换个小点儿的，或者搬到近郊或农村去。正如姜老师的忠告，如果将压在房子上的钱转变为可兑换资产的话，就能过上富裕的养老生活了。"

　　节目时间基本接近尾声时，主持人又向理财顾问提出了问题。

　　"现代发达的医疗技术使人类的寿命延长，只要不患上三大疾病（癌症、脑血管疾病、心脏病）就能够享受90～100岁时代已是一个既定事实了。请您给今天出演节目的朱武日先生和要做养老准备的广大观众们讲一讲存储养老资金的要领吧。"

　　"虽然每个人都有自己的标准，但我认为退休后的年

金收入应达到退休前收入的 70% 才是合理的。 虽然年老后医疗费会有所增加，但教育费、居住费等其他支出都是不断减少的。可是要达到退休前收入的 70%，仅靠自己的力量是不可能完成的。假设退休前的收入是 17000 元，那么退休后的收入按照现在的物价来计算，就是需要有 12000 元。按照这个数字来计算，也就是说要有 345 万～402 万元的存款，才能保证退休后每个月有 12000 元的开销。这里所说的 345 万～402 万元是按照现在物价来计算的，如果物价一直上涨的话，那么所需的资金就会变为 575 万元以上。"

这 575 万元的字眼儿一从理财顾问口中出来，旁听者就开始发出惊叹声了。同样，主持人和朱武日也未能合上嘴。

"不要这么惊慌，不是说要让大家存出 575 万元来，仅凭自己的力量是没那么容易攒出这么一大笔钱的。我想告诉大家的是，养老资金并不是像买房子那样要攒出几百万元的，而是让大家理解要制造出退休后 70% 的现金流的这个观点。首先从最容易被忽略的和最容易被管理的国民年金说起，现在正在看节目的观众朋友们如果没有个人年金的话，那就先关注一下国民年金吧。朱武日先生一直按 9% 的比例缴纳着国民年金，他现在每月工资为 20000 元，也就是每月有 1839元作为国民年金被存起来。实际上有 4.5% 是由公司承担的，所以朱先生要缴纳的国民年金只有 916 元。我确认了一下，到目前为止朱先生缴纳给国民年金工团的累积金额为 24 万元。"

"天哪！"

不仅是朱武日，所有在座的旁听者也叫出了声。朱武日的脸上又恢复了一丝生气。曾经觉得退休后能拿到国民年金是一件很渺茫的事，而且大家都在担心国民年金会枯竭，从来没有人想过国民年金会是自己的财产。

"居然能攒这么多……"

镜头给了朱武日惊讶的表情一个大特写。另外，主持人突然向观众们提出了问题。

"根据 2010 年保险研究院的研究，假设年投资收益率为 3.54% 时，XX 年金的所得替代率缴纳 25 年时为 15.1，缴纳 35 年时为 22%。缴纳年金的时间越长，XX 年金就能越早超过退休前收入的 20%。这里所说的年金是什么年金呢？"

朱武日先生没有自信地回答道：

"是个人年金吗？"

主持人提示为错误答案时，旁听席上一位以自信的语气回答道：

"住房公积金！"

主持人再次发出"这是错误答案"的信号，又一位旁听者小心翼翼地答道：

"是不是退休年金？"

在主持人宣布"这是正确答案"的话音一落，姜然在顾问就开始解释道：

"**如果是工薪阶层的话，建议把退职金或退休年金纳入养老资产来制定经济规划**。朱武日先生的情况，已经按工资总额的 1/12（8.3%）的比例，每月存入 1724 元了。刚刚提到的国民年金和退休年金合起来计算的话，每个月存储的金额为工资总额的 17.3%，仅坚持缴纳这两项年金，就能达到养老存储目标的一半。"

"真没想到还有这笔钱，一直只是觉得退职金是在换工作时能拿到的一大笔钱，但国民年金从来就跟没有似的。原来我们在无意识的情况下就已经存了一大笔钱了啊。"

朱武日从未想过国民年金将来可以拿到这一回事，因此一时难以接受原来自己有这么一大笔存款。

"很多人因为没能做好养老准备而感到自责，**实际上可以说是大家没有把国民年金和退休年金看做是养老资金而已**。在做退休准备之前，要将国民年金（9%）和退休年金（8.3%）看做是养老资金的一部分，在这基础上制定计划就可以了。更进一步地说，如果夫妇中只有一人加入了国民年金，那么另外一个人就要考虑以任意加入的方式加入国民年金，以很少的投入收获丰厚的成果，这是个值得考虑的方法。另外，退职金或退休年金是养老用的钱，因此一定不要用于其他用途。只要认真地遵守这几项，就能成功地存储到一半的养老资金。"

一位上了年纪的旁听者一直在做着笔记，他的行为引起了我的注意。面对养老问题，所有人都不轻松，也许因为这是任何人都可以简单尝试的方法吧，所以他认真地记录着。

这时屏幕上出现了一行字幕：

个人需要为养老准备金准备多少呢？

前面已经讲过了，**只靠国民年金和退休年金准备养老资金的话会有一定限度的，所以个人还要通过别的方法来准备养老资金，与国民年金和退休年金并行。**

这时主持人问道：

"那么年轻时应该按照收入的百分之多少来存储呢？不仅是我，在座的各位和电视机前的观众朋友们也都很想知道，有没有类似假想模拟实验能帮助我们理解呢？"

姜然在顾问走到白板前，一边写下几个数字一边解释。

"当然有。前面说过退休后的收入要达到退休前收入的70%才比较合适。国民年金和退休年金已经能够达到养老资金存储的一半，剩下的另一半就需要各自准备了。这样我们自己准备的这部分就称为退休存款，退休存款比例就是与开始进行退休存款时的收入对比得出的比例。下面讲一下如何得到这个比例。个体户没有退休金的情况为 '（年龄 -15）%'、工薪阶层有退休金的情况为 '（年龄 -20）%'。举例说明，35 岁没有退休金的个体户应按照收入的 20% 存储养老资金，而有退休金的工薪阶层则应以收入的 15% 存储养老资金。朱武日先生是 45 岁，因此应按现在收入的 25% 来存储，也就是每个月应存 5000 元作为养老资金。"

正集中精神听理财顾问讲着的朱武日先生听到金额马上又叹了口气。

"5000 元……也是个不小的数目啊。"

主持人也与朱武日先生有同样的想法，并赶紧问："一个 40 多岁身为一家之主的工薪阶层，怎么才能每个月攒出约 5000 元的养老资金？"

理财顾问笑了出来，说："急性子，至少应该把别人的话听完吧。"说着重新回到了白板前。

"因为是从自己的年龄上减少 15（或 20），**所以年纪越大比例就随之越高。相反，越年轻现在收入对比存储比例就越低**。因此，从年轻时就开始为养老准备而存款的话，就不会有那么大的负担。因为 45 岁的朱武日先生到现在还没有开始做养老准备，所以要以 25% 的比例来进行存储。"

即使以每月 25% 的比例存款的观点是正确的，朱武日还是觉得应该根据自身的经济情况进行储蓄，因此又继续问道：

"不管年纪再怎么大，这5000元真的是很大的一个负担啊。**如果每个月按照3448元来存款，再把房子换成小一些的，拿换房的钱作为养老资金可以吗？**"

"这当然是个好想法。其实没必要被退休存款的比例束缚，这只不过是测定退休准备是否合理的一个基准而已。"

"啊，这样我就明白了，那么我决定以换小房子的方式来提高养老资金的比例，制定一个中长期的存储计划，从现在开始坚持每月至少存3448元。现在开始戒烟戒酒，开始新的生活。哈哈哈！"

朱武日还是那么风趣，他好像已经计划好如何进行养老准备了似的，脸上充满了笑容。

屏幕上出现了三个要点。

1. 打破"50多岁退休"的观念，计划人生的下半场。

2. 充实自我，扔掉不必要的，精神集中于核心资产。

3. 活用国民年金、退休年金、年金保险！

以小钱生大财的秘诀
是魔法存折

我关掉平板电脑的屏幕，伸手擦了擦脖子后面的汗。正午滚烫的太阳让周围的空气变得越来越炙热，依旧能听到从小河边传来的孩子们欢快的笑声。

我有很多问题想问朱武日。

"当年节目结束后，您真的坚持存储养老资金了吗？"

"当我真的下了决心以后，发现其实也并不是件难事。"

朱武日以"没什么了不起"的口吻说着，一边喝了一口儿媳妇端来的松叶茶。这时，坐在旁边的朱武日的妻子开口说道：

"自从出演了节目后，他整个人都变了。说是要工作到70岁，每天都很认真地运动，并且还搞起了自我开发。上节目之前每天担心着钱，性格还有些急躁，可是之后完全像变了个人一样。"

我沉醉在这清雅的松叶香中，瞬间感到头脑特别清醒。

"看到丈夫突然注重健康，夫人好像不是很高兴的样子啊？"

"当然了！想着他这是要自己多活几年才这样的，就觉得有些小讨厌。呵呵！"

"我那是为了自己多活几年吗？只有我健健康康的，家人才能没有那么大负担啊！"

"知道啦，瞧瞧，还发火了！我记得节目结束后没过多久房价稳定了些，他就说要换小一点儿的房子，那时我感到非常突然。一直认为会在那个房子里生活一辈子，突然说要搬家，真是特别惊慌。其实大儿子在学校附近租房住，我们三口人住小一点儿的房子也没关系，就同意换了。先用卖房子的钱以传贳的方式租了一套小一点儿的房子，剩下的钱用来偿还住宅贷款和负贷款，房子变小了以后每个月也就有些富余用来存款了。那时按照理财顾问的忠告，开始把不能变现的财产变成随时能兑现的财产了，把孩子们的周岁戒指和我的一些首饰都卖了，居然卖了不少钱。那时真是勒紧了裤腰带啊。"

"是使劲地勒吧！"

"哈哈哈！"

"孩子们大概也知道我们在担心钱的问题，虽然表面上没有表现出来，但大儿子打了几份工。从某种角度来看，可以说是提早积累了社会经验。另外，我们名下没有了房产，孩子们都有了申请助学金的条件，这样对两个孩子学费的支出也就减少了很多。"

"孩子们申请了助学金，学费就减少了很多，存钱就变得轻而易举了。另外，与其他问题相比，理财顾问说一定要遵守的两点，可以说是这两点守护了我们的生活，对吧？"

"是呀，可以这么说。"

"当时理财顾问说了要遵守哪两点呢？"

"首先，一定要掌握退休资金变化的情况。"

当年在节目前半部分，不认同理财顾问观点的朱武日，明显已经和理财顾问结下了深厚的缘分。

"一般人不会注意自己的退休资金是什么和被投资到哪里。理财顾问强调，应该每天算计着从哪里省钱以减少支出，这样精打细算下来，就能看出钱都花在了哪儿和投资在什么地方了。"朱武日先生的妻子解释道。

"您具体是怎么创建退休账户的呢？"我非常好奇朱武日具体是以什么账户来准备退休资金的。我觉得观众们应该也很想知道这个答案。

"我的基本国民年金一直坚持缴纳，妻子也利用任意加入政策办理了国民年金账户，到现在还都坚持往这两个账户里存钱。估计从 65 岁开始这两个存折可以筹措到以后生活费的 25%。另外，3 年前退休时收到的退休金和退休抚慰金都按照理财顾问的话买了及时退休金保险，从这个账户里每个月能收到 2873 元。我退休的时候正好赶上大儿子结婚，那时候原本想把退休金给儿子交传贳金来的，为此还犹豫了很久。但是现在回过头来想想，把那些钱存进退休账户是一个非常明智的行为。"

朱武日先生的妻子从存折包里把存折一个个地掏出来摆在了桌子上。

"这些就是退休资金存折了，现在一共有 8 个。"

1. 国民年金缴纳明细（朱武日）

2. 国民年金缴纳明细（夫人——任意加入）

3. 及时退休金保险（3 年前加入）

4. 变额保险（10 年前加入）

5. 退休金存储（10 年前加入）

6. 每月支付型债券基金

7. 储蓄型基金（国内股票型）——价值股型

8. 商业银行 10 年定期存款

朱武日用国民年金、退休金和退休金保险等以 10 年存折的形式一点一点地积累着退休资金，过了 3 年、5 年、10 年了，现在他退休账户里有相当大一笔存款。而且 10 年存折的数量也增加了。

在节目中，理财顾问说慢慢地实行"10 年存折"就会了解其中的精髓，看来朱武日夫妇真的是成功了。

朱武日说："退休资金慢慢地多起来后，就开始琢磨如何管理这一大笔钱了，根据姜老师的建议，采取长期以利滚利的形式管理真的坐收利息。"

"那么姜然在顾问强调的第二点是什么呢？"

"老师说随着年纪的增长就要减少投资的比重。尽管长期投资股票挣钱的可能性很高，但因为股票的变动性很大，所以危险性也很高。离退休的时间越近，就越应该降低投资比重，增加稳定财产所占的比重。老师就是这样反复叮嘱我的。"

夫人补充说："老年时期收入就减少了，如果投资时再受到损失的话，打击太大了。"

"按照姜老师的忠告，我在股票型基金上尝到了甜头，就这样投资额超过了整体退休资金的 50%。我原本是一个没有什么投资经验，喜欢安定的保守主义投资者，但是不知从什么时候起我的投资比重增加了。可是 3 年前有一次因投资比重问题与妻子大吵了一架，我建议趁股票市场形势大好再多投些大赚一把，但妻子认为应考虑危险性，因此建议将投资比重降低为 20%。"

"那谁赢了？"

"我输了呗，还有敢赢妻子的男人吗？"朱武日开玩笑地哈哈大笑，然后接着说："我听了妻子的话把危险资产中的股票型基金卖掉了30%，买入了稳定的债券基金和退休金保险等有价证券。后来真的发生了可怕的变故，6个月后便受到国际经济形势的影响，股票市场瞬间跌了35%。"

"现在想想那时真是很悬啊，尽管在1～2年后股票市场恢复了，但年纪大了不敢再冒风险了。所以现在我们用80减去丈夫年纪的结果作为投资比重，其余的都存进银行。"

"什么？从80里减掉您丈夫的年纪，这是什么意思？"

朱武日就我的提问做出了详细的解释。

"这个嘛，是节目结束后姜老师传授给我的，这是一般投资者之间广泛使用的一种投资原则，也是姜老师一直使用的投资体系。"

"投资的原则？还有这样的原则？真让人吃惊。"

"计算方法是从100里减去自身的年纪，以姜老师的话来说，这是测定危险资产比重的方法。例如，一名40岁的人，用100减去40不是等于60吗？这里的60是指自身收入的60%。用这60%作为最高投资额度投入股票型基金等危险资产，剩余40%作为稳定资产存入长期存款账户。姜老师还说随着年龄的增长应提高稳定资产的比重。但是这种方式无法反映经济变动和投资趋势，姜老师还有另外一套方法，那就是考虑自身的投资趋势和经济变动，在增加 20% 危险度的 120 和减少 20% 危险度的 80 中二选一。投资倾向攻击性，在经济循环周期内想要增加危险资产比重的人就用 120 减去自己的年龄；喜欢安稳，在经济循环周期内想要增加安稳资产比重的人就用 80 减去自己的年龄。我们是安稳型的，所以用 80 减去我的年龄的部分做投资，其他的都用来储蓄。理解了吗，金制片？"

"原来是这样！"

现在朱武日手工制作的家具因订单数量过多，已经彻底实施了预订制度。

另外，朱武日妻子手工制作的茶具也因具有特别的怀旧感，深受年轻主妇们的喜爱。朱武日在出演了《魔法十年》后，完美地规划了自己人生的下半场，找到了适合自己的第二职业，并认真听取了理财顾问的忠告，有条不紊地进行着财产管理，享受着美好的晚年生活。

我通过权局长制作的《魔法十年》找到了我要找的答案，当年理财顾问一对一的咨询场面没做任何剪辑，直接加入到我的节目里，像当年一样，我制作的《魔法十年之从那以后》应该也会很受欢迎的。

通过节目，出演者呈现了与当年完全不一样的生活状态，这就已经非常鼓舞人心了，现场的气氛简直活跃得不得了。

对于工作人员来说，亲眼看到他们的成功，过着自身所期望的生活，内心也是激情澎湃，这都是活生生的榜样啊！

Part 3

挣得少
也能活得好的秘诀

10 Years
Bankbook

《魔法十年之从那以后》

——设立自动转存，存折为未来保驾护航

一档经济类节目不仅引起社会轰动、备受关注，更是改变了四个家庭的命运。不管是20多岁的年轻人，还是上有老下有小的中年人，或者是零存款迫切需要养老金的老年人，都能从这里找到改变现状的秘诀，从而开启钱财无忧的一生。

连经济文盲金制片，也偷偷开始了10年存折计划……

神秘理财师，压轴登场

　　10年前权局长创造了反响空前的《魔法十年》，10年后的今天，出演者之后的故事被我制作成了一档新节目，名为《魔法十年之从那以后》。这档节目在试映会上得到了一致好评。节目马上就要正式播出了，为了赶快完成节目后半部分的编辑工作，我与相关人员夜以继日地加班。

　　一天，有个人两手提满零食，推开了编辑室的门。

　　"嘿，准备得还顺利吧？"

　　"呃，是权局长！"

　　"熬夜很辛苦吧？"权局长关切地问。

　　"唉！电视台的工作还不一直都是这样，洛阳亲友如相问，就说我在电视台加班！哈哈！"

　　为了鼓励我们这些忙于《魔法十年之从那以后》最后剪辑的后辈们，权局长来到了电视台。

　　看到几天几夜没合眼，满脸疲惫的我们，权局长仿佛想起了自己以前的样子，表情变得有些复杂，随后他稍稍整理了一下心情，用洪亮的声音说道：

"金诚东制片，看我把谁带来了！请进吧。"

只见一位皮肤黝黑、头发有些花白，但透出一股健康美的老绅士走进了编辑室。在场的所有人都一眼就认出他是谁了，即使只是在节目中出现过的人。已经编看了无数次的这张面孔，怎么可能不认得呢。那张脸上依稀可见当年的样子。

"啊！"

所有人发出了惊讶的叫声。刚刚还唠叨着肚子饿的赵导演情绪激动地站起来，他整整用了一个月的时间也没能找到这个人。

"您就是在第一季节目中担任理财顾问的……姜然在老师？"

老绅士没有回答赵导演的话，只是站在那里。

"嚯，对吧？天哪！您到底一直在哪里啊？我可是一直在等您的邮件啊，上个月每天都反复查看好几次邮箱，着急得都没心思干别的事情了。"

赵导演抓住自己的头发，半天都不敢相信眼前发生的事是真实的。随后我向老绅士伸出了手，主动要求握手以示礼貌。

"您能来，真是太好了，实在是太感谢您了。"

我发自肺腑地表示感谢。

直到节目进入最后剪辑阶段，也未能找到第一季节目里的理财顾问，我们一直感到特别的遗憾。但是现在他竟然就站在我面前，还是他自己找来的，还有比这更幸运的事情吗？

看着我们这些只顾惊讶的人，权局长开口说：

"您看我说过大家都能认出您吧，快请进。另外，大家也都镇定镇定。金制片，是不是应该给姜然在老师做个采访啊？"

"那是当然的，马上准备。"

编辑室里所有的人闻言立刻各就各位，有条不紊地忙碌起来了。赵导演检查灯光，负责后期剪辑的工作人员也都放下了手里的活儿，开始准备采访录制所需的设备。

以对理财顾问的采访作为《魔法十年之从那以后》的结尾，完成了所有剪辑工作。正是因为姜然在老师最后的到访了却了我心中的遗憾，从而完美地结束了这长达两个月的节目准备工作。

被子女尊重、众人羡慕
的独立老人

我带着《魔法十年之从那以后》节目的摄影组、编辑组，还有吴洙云制片和罗荷娜制片一起来到了朱武日的家。第一次来到朱武日家的同事们一边东张西望，一边不断发出羡慕的感叹。两个月前来拍摄的时候天气还热得可怕，现在已经刮起了凉爽的风，气候正宜人。

"今天来得很早嘛，路上应该很堵的啊。"朱武日打招呼说。

"上次因为堵车来晚了，所以这次一大早就出发了。一起来的人都是制作《魔法十年之从那以后》的同事们，还有这两位是和我同期入职电视台的同事。都说这房子特别漂亮，他们都很羡慕您呢。"

"谢谢。还没有准备好，多少有些杂乱。"

热情地欢迎着我们的朱武日仔细检查着摆在院子里的桌子，能看出他为我们的到来准备得很精心。朱武日突然对旁边的妻子发起了牢骚。

"上次的沙拉调料有些腻，最近大家是为了减肥才吃沙拉的，在调料里放那么多油，还怎么减肥啊。"

"反正放的是橄榄油，不会长肉的。"

"不要以为是植物油，热量就低。"

"好好好，知道了，我重新做。"

尽管朱武日先生的妻子对丈夫的牢骚有些烦了，但知道丈夫为了准备这次聚会费了不少心思，也就不再说什么了。今天的聚会对她自己来说也是有着特别意义的。如果 10 年前丈夫没有参加那个节目的话，也就不会有今天这样钱财无忧的生活了。当年只要孩子们一提到要交钱了，这心就咣当一下子塌下来，到处找银行贷款勉强度日啊，而现在这些都已经成为了回忆。

"那个，也不知道孩子们的爸爸到底把电视弄好了没？像上次世界杯时，看着看着没图像了可不行啊！"

"好了，爸。一会儿天黑了飞虫就会都聚到屏幕上去，我连消灭这些飞虫的高频灭虫器都安装好了！"

朱武日的儿媳妇一边摆放着玻璃杯一边插话道。

她对今天的客人们心怀感激，很多老人到晚年都会给子女带来生活上的负担，但这二老退休以后还能有如此积极的生活，自己养老不说，还为她的经济决策出谋划策。不仅赢得了她的尊重，更是她人生的榜样，所以今天的聚会对她来说也有着特别的意义。

从院子那边走来的金善珉和尹女士看到朱武日和我便热情地打招呼。

"您好！"

"唉！大家啊，好长时间没见了呀。我们尹女士也好久不见啊，这是结婚以后第一次见吧？"

"是啊。您还是那么时髦，那么健康啊。"

"什么时髦呀！头发都白了呢！"

"没全白，看起来像个艺术家，不错。"

当年节目结束后，三人一直保持着联系，只是好久没见了，彼此的生活动态都很了解。

"您给我们旗舰店添置的家具比我们的化妆品还受欢迎呢，这样下去我看我改成家具经销商好了。"

其实朱武日早就在心里盘算过了，如果尹女士不在化妆品公司工作了，就请她来当经理人，帮自己卖家具。话虽如此，但他坚信尹女士会比任何人都做得更好。尹女士是一个能够让客户感觉到可信，并精明能干的职业女性。

"呵呵，尹女士要是能帮我卖家具，我可是求之不得啊！"

"大家都看节目了吗？"

一说到节目，大家都把视线集中在了我身上。从大家的表情中可以看出，大家很想知道观众们对节目的评价。

"怎么样？反响特别好吧？"

"简直是爆炸性的反响啊，第一期节目就创下了 15% 的收视率，第二期上升到 18%，今天是最后一期了，预计收视率能够上升到 23%。电视台也很期待今天的收视率。"

听到这些情况，朱武日、尹女士、金善珉三人激动地欢呼起来，高兴地彼此假装抱怨。

"还到不了那个程度吗？这两个星期光接听别人打来的问候电话了，什么活儿都没干上，昨天晚上我干脆把电话线给拔下来了。"

"来的路上，尹女士在休息区被人认出来了，结果我们连咖啡都没喝上直接就出来了。"

"真不知道那些艺人平时是怎么生活的？被围观的时候都不知道自己该往哪儿看了。有时候太漂亮会感觉孤单啊。"

"哈哈哈！"

"之前做节目的时候完全是要死的感觉，那个时候谁会想到人生能来个华丽的逆转啊。看来人生还是得经历过了才能知道是什么样子的啊。"

"可不是嘛。我在回顾以前的节目时也是感慨万千啊，虽然不再有以前的美貌，这也是不可扭转的。但对于毫无想法、以散漫的消费生活来度日的我来说，真的是抓住了好机会啊。可以说这是一个契机，让我彻底明白了毫无对策的生活是多么危险啊。"

这时，朱武日先生的妻子走出来，用充满关心的眼神望着三人。

"是啊。快喝咖啡吧，因为您出众的美貌，来的路上都没能好好喝上一口的咖啡，在这儿喝吧！您不是咖啡狂嘛！"

朱武日的妻子一边开着玩笑，一边给尹女士面前的杯子里倒上热乎乎的咖啡。

"哎哟，瞧我这脑子，净顾着聊天了，都忘了跟您打招呼了。您过得还好吧？"

"当然啦。托你的福，给我寄来的化妆品特别好用。上周看了节目发现最近长了很多皱纹啊，期待着您下次能寄来抗衰老的产品哦。再有产品测试的事，我愿意做人体实验者！步入老年后虽然没有了对钱的担心，但对皱纹的担心却多了啊！"

看到大家如此开心地聊天，真是感慨万千啊。当初被冠以"经济文盲"称呼的我，居然制作出了这么受欢迎的经济节目，简直是连做梦都没想到的事啊。如果没有他们，或者他们没有成功的话，我也就不可能制作出《魔法十年之从那以后》这档节目。想到这里，对他们我除了感激就是感激。托他们的福，我的节目才能得到"给人以平淡的、感动的、贴近生活的经济节目"这样的评价，并连续两周获得高收视率，以回报我这段时间辛苦的付出。

　　沉浸在万千感慨中的我，听到周围嘈杂起来。原来是权局长和理财顾问姜然在老师，还有主持人李忠实一起走了进来。

10 年前人生为钱所困，
10 年后乐享钱财无忧

"真是好久不见了！"

朱武日感激地问候曾给自己做理财咨询的姜然在老师，可想而知他有多么高兴啊！用力地握住姜老师的手。

"这么长时间以来您到底是在哪里生活啊，我怎么都联系不上您呢？"

"我一直这里那里到处走，看看这个世界。我说朱先生您是擦掉了岁月留下的痕迹吗，怎么一点儿都没变啊。"

"现在不用再担心钱的问题了，好像就不会变老似的，这全是托您的福啊。"

"您这话说的，好像钱是长生不老药一样。"

朱武日的儿子向他走来，并跟他说了些什么。

"节目快开始了，大家来这边坐吧。"

设置在室外的电视屏幕上显示《魔法十年之从那以后》最后一集的标题。大家都就坐在早已准备好的桌子边开始鼓起掌来，这时权局长站起来提议大家一起干杯。

"大家都知道《魔法十年之从那以后》以其爆炸性的反响吸引着全国人民的眼球，这是在座的各位共同努力的结果。我提议为我们的成就干杯，为我们的汗水与泪水，还有爱，干杯！"

《魔法十年之从那以后》被编辑为三集，最后一集仿佛对权局长来说有着非凡的意义，10年前，年轻的他凭借热情与坚韧制作出来的节目，10年后被重新包装之后依旧那么脍炙人口。这也证明了他人生的价值，对他来说过去的10年也是魔法的10年。

"哎呀，没有以前那么上镜了，脸看起来好大啊！现在的技术已经那么发达了，为什么电视机画面上还是显得脸那么圆呢？"

不论是以前还是现在，尹女士依旧是那么多的牢骚。在她看来，电视画面中的自己不如真人漂亮。今天的气氛也是在尹女士略带撒娇的牢骚中活跃起来了，这是她特有的气氛转换绝招。

"理事您也录制过那么多次节目了，都知道怎么做能更好看啊。而且我们也都通过电脑绘图把脸部修过了！"

"唉，真是，修什么修什么啊？我这脸还有需要修的地方？"

周日傍晚黄金时间播出的《魔法十年之从那以后》在李

忠实播音员最后的评论中结束了。

> "电视机前的观众朋友们做好迎接不用担心钱的养老生活的准备了吗？请记住这一点，一念之间的选择不仅左右我们 10 年的生活，更是左右我们的一辈子。以上节目是由《魔法十年之从那以后》的主持人李忠实为您带来的。"

节目画面淡出，一开始进广告，大家就全体起立鼓起掌来，还有人吹起了口哨。我们起身与旁边的同事相互拥抱，或是相互击掌，庆祝着我们的节目顺利地结束。这时朱武日先生开始从厨房里端出准备好的晚饭，赵导演站起身说道：

"各位，今天大家不要担心费用，尽情地吃吧，我什么也不多说了。这么长时间以来没能给大家来顿好的，心里一直很过意不去啊，今天终于能松口气了！"

"听了这话，都以为今天是赵导演请客呢。"

"谁请客又有什么关系啊，能尝到这样的食物才是最值得享受的，不是吗，各位？"

赵导演的话让气氛变得更加活跃了，大家都忙着品尝美食。只有权局长一直以心满意足的目光看着我们这些完美地制作出第二季的后辈们，笑容满面地与理财顾问聊了起来。

"其实我是个不相信命运和缘分的人，但是现在这一瞬间我觉得就是命运所致。最开始新职员入职的时候，前辈们不是一般都能看出来谁最有希望嘛，但是这小子居然拒绝进经济部，非要去文化部，让我心里很不是滋味啊。可是谁又能想到，他居然完美地策划出了我的后续节目，这应该就是缘分吧。"

"10 年前遇到局长您和现在遇到金诚东制片，这都是缘分啊。对我来说能有这样的缘分真的是要感谢老天爷呀，看着我曾经帮助咨询过的各位生活得如此幸福，我感到很满足。"

我在旁边听着两位的对话，又环视了四周。不知大家是不是因为都吃饱了，已经开始三五成群地坐在院子里聊起天来了。感觉今晚天上的星星近在眼前似的，是那么的明亮，璀璨地发着光。

现在到了《魔法十年之从那以后》庆祝会结束的时间了。

"各位！由衷地感谢大家今天能来参加观看《魔法十年之从那以后》的直播聚会。托大家的福，经济文盲金制片终于干成了件大事啊。"

所有的出席者都起身鼓起了掌。

"聚在这里的我们都知道通过这个节目，不仅让我们有了制作出好节目的自豪感，还得到了人生的新机会，我也不例外。年轻的时候毫无意识地随便乱花的钱，在我们以后的人生里将发挥着巨大的力量，这是贯穿我们两个月来辛苦制作的《魔法十年之从那以后》的核心。"

　　不知是不是觉得我的话太长了，吴洙云制片和罗荷娜制片喝起了倒彩。

　　"哎呀，收视率暴涨以后，话都变多了啊！"

　　我呵呵一笑，接着说："各位！都记住了吧？另外，希望大家从现在开始也像我们节目中三位主人公一样，远离不良资产，只接近良好的部分，创造出美丽的人生下半场。能与大家一起在这样凉爽的秋风中度过这么美丽的夜晚，我觉得特别幸福。"

　　所有参加聚会的人都站起来，鼓着掌互相拥抱着。我和权局长拥抱着，突然眼眶湿润了，就好像是度过了人生中的重要时刻，经历了漫长的青春期，刚参加过成人仪式似的感觉。另外，还明白了从现在起，我进入了新的人生，为掀开新的人生篇章要开始做准备了。不知道权局长是不是看透了我的心思，他拍了拍我的背。

10 Years
Bankbook

经济文盲
开始了他的魔法 10 年

——先分析自身经济弊端，再建账户

钱不是万能的，但是没有钱却万万不能。每个人都听说过这句话，然而你对钱的态度是认真的吗？挣钱、花钱，每天与钱打交道，但是你真的了解"钱"这个东西吗？就如同自己的时间，钱虽然只少不多，但是好好管理，一样可以用有限的收入，创造无限的财富。

用有限的收入
创造无限的财富

　　制作这个节目的同时，回想我步入社会也有十多年时间了，竟然对钱如此的无知，毫无责任感，对于这样的自己我感到很惭愧。有钱的时候只想着可以花得很自由，还可以帮助有需要的朋友，却从未想过应该如何管理钱和具体地制定计划，我认为这都是懒惰造成的。

　　如果在 10 年前 20 多岁的时候，就按照节目里的建议进行实践的话该有多好。这 10 年间不知道有多少钱的种子就那么随意飞掉了啊，这悔恨感深深地埋入我心里。过去的 10 年里我好像一直是以"就那样"的态度看待钱这个东西。要么根据经济情况只是执着于挣钱，要么是对理财深有偏见，放任自己的经济状况恶化，浪费了大好时机。

　　简单地说，虽然很想挣钱，但又很看不起挣钱的人，是这样的双重心理支配着我。正是这样的偏见使我疏忽了经济上的管理，把我赶进了担心钱的困境中，甚至剥夺了我享受做我喜欢的工作的权利和我的创新力，打破了我生活的平衡。通过《魔法十年之从那以后》我将"好好地管理钱与我想要的生活有着密切的关系"这一事实深深地铭记在了脑袋里。

另一个收获是"就算只是好好地利用我们生活中的有限收入，也能过上优渥的生活"，正如老人们常说的"我们是自己带着吃的来到这世上的"，老天爷已经把我们需要的都给我们了，我们只要好好地管理使用就可以了。但是，如果我们对超过我们所需的部分产生欲望，或是不知道珍惜我们所拥有的，那将会酿成大祸。金善珉之所以会反复投资失败，就是因为受到了高收益的诱惑。也是因为没有明确的目标，不明确自己挣了钱应该干什么。连自己真正"需要的"是什么都不清楚，"还贪图所需之上的金钱"，这就是他最大的败笔。

被"贪图所需之上的金钱"的念头吞噬着的人们即使有自己想要的生活，也会不断地拿自己跟别人作比较，慢慢地就变成了自己过着别人的生活。一直抱着这样的心态生活下去，就会像尹女士那样陷入债务的危机和消费的陷阱，拿自己和整个世界作比较，从而觉得自己是很不幸的人。总是试图改变自己收入范围内的健康消费生活，实际上这是用过度消费带来的满足感来充实自我的表现。

这样的诱惑剥夺了年轻人未来收益的千万次机会。我们年轻时得到的5700元工资在10年后将价值11500元，20年后价值23000元，40年后价值86000元，以此类推，年轻时赚到的钱是包含着如此大的内在价值的。如果像朱武日这样的中年人陷入这种诱惑的话，那么之前积累的一切财富就将会瞬间灰飞烟灭。

人生中没有能够阻止我们遇到意料之外的灾难的方法。需要偿还的利息越来越多，认为可以依靠资产（房子或股票），但资产也逃脱不了价值下跌的不幸，全是徒有其表的结果。

制作这档节目之前，我一直都在抱怨自己的经济问题。但是现在我认为，有工作并拿着工资是一件值得感激的事。尽管过去的10年已不能挽回，但从现在开始我要好好利用收入，避开高收益、高消费的诱惑，为我想要的生活建立几个必需的账户，好好地规划我的人生。

我要把这些存折命名为"改变命运的10年存折"，现在开始为我人生里将要进账的钱打好基础。明确地知道自己要去哪儿和应该往哪儿走的人与不知道的人，二者在人生的蓝图上所站的位置是不同的。

这是我在做这档节目的同时，学到的理财战略，应该躲避的诱惑必须彻底避开，必须集中核心财产！因为有策略的理财者懂得选择和集中，所以就算会有些损失也还是会结出丰盛的果实的！

就算世界上有再多的诱惑，我也决心为了自己想要的生活而走自己的路。我相信这条路一直走下去的话，10年后我会过着与尹女士、金善珉部长、朱武日先生一样的生活，那将是完全与众不同的生活。

人生就是要不停地做出选择！一念之间的选择能够左右10年，甚至可以左右我们一辈子。节目出演者们做出了正确的经济抉择，获得了幸福安定的生活，我也可以。任何时候都不晚，不要觉得来不及，从现在开始立刻实施10年存折计划吧。请记住姜然在老师的这句话："人生与金钱的关系并不是一次函数，对储蓄和投资来说没有什么比时间的力量更重要的。"

虽然投入与产出的关系属于直线型关系，投入多少就将有多少回报，但因为使用了复利计算法，二者的关系就近乎于指数函数了。在某一段期间内，与投入量相比成果并不明显，但当到达临界点以后，金钱将会以倍数增长的方式积累着。让时间变成我的帮手吧！

在让时间变成帮手的同时，我又下定了决心。我对于之前总是担心能够在电视台工作到什么时候的自己感到惭愧。电视台里强调的"50多岁退休"并不是正确的公式，这只不过是公司的立场，并不是我人生的退休。

姜然在老师和权赫世理事将下半生转变为人生的下半

场，像之前一样继续工作着，我也要像他们一样发挥自己的
能力准备迎接 100 岁人生。在我的字典里没有"退休"二字，
我要工作一辈子！

Part 4

魔法集锦，
用数字证明存折的魔法

10 Years
Bankbook

存折之诀窍：
集中于五大核心财产

　　所谓存折，也不是把钱直接锁进账户就万事大吉了。人一生需要用到的钱总有几部分是必需的，所以存折的诀窍也在于，首先要集中五大核心财产，它们是预备账户（应急资金）、保险账户（应对危机）、退休账户、买房账户、投资账户。

核心资产的增长靠复利

如果一个人明确地知道，我们挣来的钱需要用在何处，并加以均衡管理的话，比那些不清楚用途、不理财的人，过上幸福生活的可能性要高很多。

我们每月的收入，从几千年前开始就被定义了它应有的用途。收入中除了日常所需的生活开销外，还包括我们老了和生病等没有工作能力时，需要的所有费用。

简单来说，"收入"这一名称下，不仅包括即时需要的生活费，还有预支给未来的部分费用。明智的人会好好管理这笔预支给我们的钱，为日后经济独立的人生做准备。但是大部分人却忽略了这一点，把预支给未来的资金用于现在并消耗殆尽。

另外，大部分人虽然也是依照自己的收入情况，来计划所购买房屋的大小、为养老和子女教育做准备，而且每月从收入中提取出一部分资金按照计划来做准备，但他们还是会失败，究其原因，是没有抓住存折的核心账户。

现在我们要改变理财的方式，为了我们日后人生的经济独立，应按收入额的一定比例自动分配。我把这种方式命名为"收入自动分配系统"。

为了能过上不用担心钱的日子，应按明确的目的把收入分别存入退休账户、投资账户、保险账户（单据）、购房账户、预备账户等名目的10年存折里。要真正明确未来所需的核心，即10年存折的各自目的，将每月收入按一定比例存入核心账户内，尽管一个月或是一年下来存款不过几百或几千元而已，但持之以恒，依靠着复利而慢慢变多的核心账户，将成为保证我们一辈子钱财无忧的"改变命运的10年魔法存折"。

话说回来，为什么是10年呢？因为在理财上适用的是"10年规律（要想成为理财专家就需要10年以上的集中性、长期性投资）"。

通过《魔法十年》这个节目，我深刻地认识到用有限的收入也能创造无限的财富，可以保证晚年生活钱财无忧。只要创建10年存折，设立五大核心账户，那么就算不做太多的投资也能收获颇丰。

10 年存折	目的	内容	金融商品和财产（存折、单据）名称	预计加入时间
预备账户	3～6个月的生活费	应急资金	MMF（资金管理基金）CMA（现金管理账户）	1 日以上
保险账户	应对危机	按每月税后收入5%～8%的比例以保障资产用途存储	医疗保险	一生
			疾病 / 伤害保险	一生
			长期 / 终身保险	一生
退休账户	公共年金（企业退休年金）	以每月税后收入10%～30%的比例作为准备退休财产的投资	国民 / 公务员 / 私人年金	10 年以上
			退休年金账户	10 年以上
			税制合格年金（保险、基金）	到退休时为止
	个人年金		（变额）年金、变额万能保险	15 年以上
			储蓄式基金、股票	5 年以上
			指数基金、交易型开放式指数基金	5 年以上
购房账户	买房储备金	按每月税后收入20%的比例以买房储备用途投资或偿还贷款本金	住宅认购综合账户	3 年以上
			存款	1～3 年
			各种基金	5 年以上
			还贷账户	20 年以上
投资账户	子女养育	按每月税后收入5%（1名孩子）以子女养育金用途投资	储蓄式基金	5 年以上
			绩优股投资	3～5 年以上
			定期存款	1～3 年
	其他用途	按用途分类以每月税后收入一定的比例存储	储蓄式基金	5 年以上
			绩优股投资	3～5 年以上
			定期存款	1～3 年

10 Years
Bankbook

35 岁金善珉的
10 年聚财计划

上有老下有小的中年男人，在投资失败后几近崩溃，生活无望，工作没激情。然后短短几年的时间他就像变了一个人，救世主竟然就是这神奇的 10 年存折。他是如何摆脱累累债款，实现钱财无忧的呢？让我们从表格中见证奇迹。

金善珉的月现金流

按照目的先储蓄，后生活费的方式支出

（单位：元）

收入	
- 月工资（税后）	22600
支出（一）财产相关支出（预算）合计	10224
- 退休账户（月收入的 17.5%）	4000
- 购房账户（月收入的 20%）	4500
- 投资账户（子女养育资金，月收入的 7.5%）	1724
收入−财产相关支出 = 可支出生活费金额	12376

注：表格中的比例和金额由韩元换算而来，稍有误差。

创建 10 年存折 3 年后的某一时期的经济状况与月存入后余额

退休账户			
明细	2015 年 X 月初 现有余额	X 月存入额	2015 年 X 月末 现有余额
国民年金*	201149 元	1862 元	203011 元
公司退休金*	183908 元	1724 元	185632 元
年金保险	22988 元	574 元	23563 元
年金储蓄	68965 元	1954 元	70919 元
变额年金	13793 元	574 元	14367 元
变额万能保险	28735 元	919 元	29654 元
合计	519538 元	7607 元	527146 元

购房账户			
明细	2015 年 X 月初 现有余额	X 月存入额	2015 年 X 月末 现有余额
住宅认购 综合储蓄	5747 元	287 元	6034 元
储蓄式基金	77586 元	2758 元	80344 元
存款	17241 元	1551 元	18792 元
合计	100574 元	4596 元	105170 元

投资账户			
明细	2015 年 X 月初 现有余额	X 月存入额	2015 年 X 月末 现有余额
储蓄式基金（子女 1）	22988 元	862 元	23850 元
储蓄式基金（子女 2）	28735 元	862 元	29597 元
股票（创业资金）	114942 元	2298 元	117240 元
合计	166665 元	4022 元	170687 元

*强制性存储的国民年金和退休金（退休年金）容易被忽略，但要记住这两个账户是退休账户中最重要的。

上页的表格是依据金善珉下决心创建 10 年存折 3 年后的某一时期，各个账户的余额与当月存储后的余额而制成的。金善珉在他规划的经济蓝图上，每个月自动分配一定的资金到这些核心账户。

以每月工资通过自动转账分别存入核心账户的方式，防止资金向一方倾斜的现象。10 年里坚持储蓄的话，就会积攒起一笔金额相当大且目的明确的资金。考虑到各个理财产品的特性，就可得出与下面相同的经济蓝图（省略关于保障性保险的支出费用和账户的创建）。

创建 10 年存折

退休账户						
账户名称	存储方式	收入对比存储比例	必要（目的）	月存入额	期待收益率（年）	10年后固定价值
国民年金	强制存储方式	9%	65岁以后现金收入	1862	6%	306680
退休年金	以月收入的1/12进行投资	8.3%	55岁以后现金收入	1724	6%	283963
甲 强制储蓄（公共年金和退休年金）		17.3%		3586		590643
年金储蓄	55岁以后现金收入（缴纳15年到55岁停止）	8.5%	55岁以后现金收入	1954	5%	304689
变额万能保险	缴纳10年到退休前停止投资	4%	60岁以后现金收入	919	8%	169347
变额年金	缴纳5年到退休前停止投资	2.5%	60岁以后现金收入	574	6.5%	97307
年金保险	缴纳5年到退休前停止投资	2.5%	55岁以后现金收入	574	5%	89614
乙 本人储蓄		17.5%		4021		660957
合计（甲＋乙）		34.8%		7607		1251600

创建 10 年存折

投资账户						
账户名称	存储方式	收入对比存储比例	必要（目的）	月存入额	期待收益率（年）	10年后固定价值
储蓄式基金 A	每月按一定金额进行存储式投资（国内股票型）	3.75%	长子基础资产（学费、继承）	862	10%	178062
储蓄式基金 B	每月按一定金额进行存储式投资（国内股票型）	3.75%	次子基础资产（学费、继承）	862	10%	178062
股票（中短期投资）	奖金转账（假设为年薪的10%）	10%	日后创业资金	2298	15%	640591
合计		17.5%		4022		996715

购房账户						
账户名称	存储方式	收入对比存储比例	必要（目的）	月存入额	期待收益率（年）	10年后固定价值
住宅认购综合储蓄	每月按一定金额进行存储式储蓄	1.25%	住宅认购	287	3%	40225
储蓄式基金 C	投资国际债券基金	12%	买房	2758	8%	508043
存款	每月按一定金额进行存储式储蓄	6.75%	买房	1551	4%	229252
合计		17.5%		4596		777520
退休账户 + 投资账户 + 购房账户 合计						3025835

10 年后金善珉先生将有六个退休账户（包括国民年金和退休金），将攒到 125 万元。其中有三个投资账户，假设以每年收到的奖金（年薪的 10%）投资绩优股，这样投资账户将有 99 万元，三个购房账户将攒有 77 万元。

　　虽然 10 年间各个账户可能会面临到期或解约投资产品的情况，但可以再续约继续投资。10 年间坚持储蓄和投资的话，核心财产将达到 302 万元（如果金善珉先生的工资在这 10 年间慢慢增加的话，即使存储比例保持不变，10 年存折的账户余额也将比 302 万多得多）。如果实施 10 年存折计划前的净资产总额（从待开发区内的单元楼和金融资产内减去金融债务的净资产）57 万元的话，加上 10 年存折的增加额 302 万元，10 年后金善珉先生的资产总额将为 360 万。

10 Years
Bankbook

24 岁尹诺熙的
10 年聚财计划

　　二十出头的尹诺熙女士，为了满足不断膨胀的欲望，透支，透支，继续透支！整个人生都被透支搞得一塌糊涂。用明天的钱，办今天的事，是太多当今年轻人的金钱观念，抱着车到山前必有路的盲目乐观，白白放弃优渥生活的机会。

　　当年的透支女王是如何逆转人生的呢？以事实说话。

尹诺熙的月现金流

按照目的先储蓄，后生活费的方式支出

（单位：元）

收入 (+) 现金流小计 - 月工资（税后）*	17241
支出 (−) 财产相关支出（预算）合计 - 退休账户（月收入的 17.5%） - 购房账户（月收入的 20%） - 投资账户（子女养育资金，月收入的 7.5%）	7797 2298 2011 3488
收入−财产相关支出 = 可支出生活费金额	9444

* 尹诺熙决定用每月 18965 元工资中的 1724 元和一年的定期奖金来偿还债务。

注：表格中的比例和金额由韩元换算而来，稍有误差。

创建 10 年存折 3 年后的某一时期的经济状况与月存入后余额

退休账户			
明细	2015 年 X 月初现有余额	X 月存入额	2015 年 X 月末现有余额
国民年金*	74712 元	1862 元	76574 元
公司退休金*	74712 元	1724 元	76436 元
年金储蓄	20114 元	862 元	20977 元
变额万能保险	22988 元	862 元	23850 元
变额年金	17241 元	574 元	17816 元
合计	209767 元	5884 元	215653 元

投资账户			
明细	2015 年 X 月初现有余额	X 月存入额	2015 年 X 月末现有余额
储蓄式基金 A	60919 元	1149 元	62068 元
存款	41379 元	1149 元	42528 元
储蓄式基金 B	54597 元	1149 元	55747 元
合计	156895 元	3447 元	160343 元

购房账户			
明细	2015 年 X 月初现有余额	X 月存入额	2015 年 X 月末现有余额
住宅认购综合储蓄	8620 元	287 元	8908 元
储蓄式基金 C	31609 元	574 元	32183 元
储蓄式基金 D	35632 元	574 元	36206 元
存款	20114 元	574 元	20689 元
合计	95975 元	2009 元	97986 元

* 强制性存储的国民年金和退职金（退休年金）容易被忽略，但要记住这两个账户是退休账户中最重要的。

依据尹女士下决心创建 10 年存折 3 年后的某一时期，各个账户的余额与当月存储后的余额而制成的表如上页所见。因为尹女士还有未还清的债务，所以从家用储蓄中拿出一部分来还债和存入还债用投资账户会比较合理。

　　正如上表中所示，税后工资 18965 元中拿出 1724 元来偿还债务，以剩余的 17241 元为标准采用"收入自动分配系统"（假设一年内收到的奖金全部用于偿还债务）。29 岁的尹女士的工资肯定会慢慢增加的，按照 10 年存折计划实施的话，以收入的一部分作为存储比例的储蓄金额也将慢慢增多。假设收入不会增加，就按照现在收入为 17241 元来计算，10 年间坚持储蓄的话，能够攒到多少钱呢？考虑各个理财产品的特性，得出的未来经济蓝图如下。

创建 10 年存折

（单位：元）

退休账户						
账户名称	存储方式	收入对比存储比例	必要（目的）	月存入额	期待收益率（年）	10 年后固定价值
国民年金	强制存储式	9%	65 岁以后现金收入	1862	6%	306680
退休年金	以月收入的 1/12 进行投资	8.3%	55 岁以后现金收入	1724	6%	236636
甲 强制储蓄（公共年金和退休年金）		17.3%		3586		543316
年金储蓄	55 岁以后现金收入（缴纳 15 年到 55 岁停止）	5%	55 岁以后现金收入	862	9%	168073
变额万能保险	缴纳 10 年到退休前停止投资	5%	65 岁以后现金收入	862	8%	153016
变额年金	缴纳 5 年到退休前停止投资	3%	60 岁以后现金收入	574	6.5%	97307
乙 本人储蓄		13%		2298		418396
合计（甲 + 乙）		30.3%		5884		961712

投资账户						
账户名称	存储方式	收入对比存储比例	必要（目的）	月存入额	期待收益率（年）	10 年后固定价值
储蓄式基金 A	每月按一定金额进行存储式投资（国内股票型）	6.67%	结婚资金（闲置资金 - 结婚后）	1149	10%	237416
存款	互助储蓄银行存款	6.67%	结婚资金（闲置资金 - 结婚后）	1149	4%	169816
储蓄式基金 B	每月按一定金额进行存储式投资（国内股票型）	6.67%	偿还贷款	1149	10%	237416
合计		20.01%		3447		644648

创建 10 年存折

（单位：元）

购房账户						
账户名称	存储方式	收入对比存储比例	必要（目的）	月存入额	期待收益率（年）	10年后固定价值
住宅认购综合储蓄	每月按一定金额进行存储式储蓄	1.67%	住宅认购	287	3%	40255
储蓄式基金 C	每月按一定金额进行存储式投资（国内股票型）	3.33%	买房	574	10%	118708
储蓄式基金 D	购买高收益基金形式进行储蓄式投资	3.33%	买房	574	8%	105842
存款	每月按一定金额进行存储式储蓄	3.33%	买房	574	4%	84908
合计		11.6%		2009		349713
退休账户 + 投资账户 + 购房账户　合计						1956073

注：尹女士的固定月工资为 17241 元（18965 元中以 1724 元来偿还贷款），另外一年内收到的奖金也用于偿还贷款。

10 年后尹女士将有五个退休账户（包括国民年金和退休金），将攒到 96 万元。投资账户有结婚资金和偿还贷款等三个账户，10 年间可以攒到 64 万元的投资资产。虽然 10 年间将会面临账户到期和投资产品解约的情况，但可以继续存款和再续约继续投资，或根据当时的目的（退休养老、子女教育、购房资金等）变更产品种类。

　　另外，在实施 10 年存折期间发生类似结婚、买房等重大事件的情况，可以改变核心账户的目的，将金融资产转换为房屋或传赍金等形式。

　　按照上表所示，10 年间坚持存款和投资的话，核心资产的总额将达到 195 万元。上表是以尹女士 24 岁时的工资为标准制成的，考虑到往后 10 年间收入将持续增多，在债务全部还清后，10 年间能够攒出 230 万的核心资产不成问题。但最重要的还是决心与实施的问题，要持之以恒才能有好的结果。

10 Years
Bankbook

45 岁朱武日的
10 年聚财计划

老无所依要怎么办？年轻时再怎么享受也替代不了老年钱财无忧的幸福感！延迟退休、二胎政策，每一个变动都彰显着无论国家养老还是生儿养老都不可靠，应该学习朱武日的自己养老。

10 年前，零存款；10 年后，经济独立、备受尊重，不仅开辟了第二职业，更是儿孙绕膝，其乐融融。他是怎么做到的呢？

朱武日的月现金流

按照目的先储蓄，后生活费的方式支出

（单位：元）

收入 (+) 现金流小计	
- 月工资（税后）	2011
支出（-）财产相关支出（预算）合计	831
- 退休账户（月收入的 17.5%）	344
- 购房账户（月收入的 20%）	344
- 投资账户（子女养育资金，月收入的 7.5%）	143
收入-财产相关支出 = 可支出生活费金额	1180

朱武日先生45岁时换了小房子，一边偿还住宅担保贷款，一边开始实施10年存折计划。虽然10年间资产结构会有改变，但以现在2011元的收入为基准，10年里坚持储蓄的话，到底能够攒下多少钱，是读者们很好奇的部分。像朱武日先生那样年轻时没有实施收入自动分配方式，现在的资产分配状态是房地产财产比重大于金融财产比重的情况，应该大胆地减少房地产财产的比重，以获得一大笔资金来为养老生活做准备。考虑各个投资产品的特性，得出的未来经济蓝图如下。下表是未考虑朱武日先生的收入有所增加的情况下以保守的数据制成的。

创建10年存折

退休账户 I						
账户名称	存储方式	收入对比存储比例	必要（目的）	月存入额	期待收益率（年）	10年后固定价值
国民年金	到60岁为止月存入1862元	9%	70岁以后现金收入	1862	6%	306680
退休年金	到60岁为止以月收入的1/12进行投资	8.3%	70岁以后现金收入	1609	6%	263441
甲 强制储蓄（公共年金和退休年金）		17.3%		3471		570121
年金储蓄	55岁以后现金收入（缴纳15年到55岁停止）	4.29%	55岁以后现金收入	862	5%	134421
变额万能保险	缴纳10年到退休前停止投资	4.29%	70岁以后现金收入	862	8%	158763
变额年金	缴纳5年到退休前停止投资	4.29%	70岁以后现金收入	862	6.5%	145961
年金保险	缴纳5年到退休前停止投资	4.29%	60岁以后现金收入	862	5%	134421
乙 本人储蓄		17.16%		3448		573566
合计（甲+乙）		34.46%		6919		1143687

创建 10 年存折

（单位：元）

退休账户 II - 减小房屋面积后获得资金运用账户（假设咨询后第 3 年开始实施 7 年间坚持储蓄）						
账户名称	存储方式		必要（目的）	月存入额	期待收益率（年）	10 年后固定价值
及时年金（第 3 年开始第 10 年结束）	减小房子规模后加入及时年金	运用减小房子规模后获得的资金	退休后的收入	172413	5%	242603
股票型基金（第 3 年开始第 10 年结束）	长期投资			57471	12%	1270506
月支付型基金（第 3 年开始第 10 年结束）	减小房子规模后加入月支付型国际债券基金			172413	7%	276858
合计		0%		402297		1789967

投资账户						
账户名称	存储方式	收入对比存储比例	必要（目的）	月存入额	期待收益率（年）	10 年后固定价值
存款	每月按一定金额进行存储式储蓄	2.86%	子女结婚准备资金	574	10%	118708
储蓄式基金 A	每月按一定金额进行存储式投资（国内股票型）	4.29%	子女结婚准备资金	862	10%	178062
合计		7%		1436		296770

10 年后朱武日先生将有九个退休账户（包括国民年金和退休金），将攒到 300 万元。投资账户分为两个子女结婚准备资金账户，10 年间可以攒到 29 万元的投资资产。这里省略为买房而设置的账户分析。虽然 10 年间将会面临账户到期和投资产品解约的情况，但可以继续存款和再续约继续投资，或根据当时的目的变更产品种类。

最后要强调的一点是比任何方法策略都重要的，就是自己要关心自己的经济状态。我们要明确地知道自己的 10 年存折是什么，投资在哪里，随时都要进行检查。再一次重申，我们想要获得稳定的经济状况，只要做我们该做的就行了。将我们的经济力量集中于创建 10 年存折上，这样总有一天我们的经济情况会超越稳定的阶段，向着经济自由阶段前进的。

附录　30年后，你拿这些理财秘诀养活自己

今日的准备，决定未来的30年

你是否计算过未来30年，作为家长的你需要为子女准备多少教育资金、结婚资金？你是否计算过退休之后如果要维持现有的生活水平，你需要多少资金？

假设你现在30岁，计划在55岁退休，终老年龄80岁。目前城市基本生活费和医疗保险支出的最基本消费是1500元/月，暂考虑4%的通货膨胀，25年后，要维持目前的生活水平，需要4000元/月。25年的退休生活至少需要4000×12×25=120万元，如果加上旅游、休闲支出按月消费最基本的1000元计算，还将增加80万元，总共200万元。200万，这只是一个人的费用，夫妻双方费用需求总和保守估计也将超过400万元。

而且，如果您的身体还不错，活到85岁或者90岁都有可能。再加上老年人无法躲避的病痛，未来医疗开支几乎无法预估。这些都可能令我们需要的养老金需求变成五六百万元，甚至更高。

接下来，让我告诉你，你需要在多长的时间里赚够这笔钱，按照上面的假设，假如你是25岁开始工作，那你的工作时间是30年，退休生活时间25年，也就是说，在有工作的30年内，*你必须准备好未来25年的生活基金——400万元，这其中，还不包括你买房买车以及子女的教育费用！*

25 年，400 万！我相信这组数据已经足够让你阵脚大乱。其实，你大可不必这么慌张，因为亚洲顶级理财师已经为你想到好对策，助你成功跨越穷人与富人、落魄与殷实的分水岭！

请跟我一起来看这个表格：

每月 1000 元，30 年后换来 600 万					
年龄	年度	每月投资金额（元）	各年度投资本金（元）	每年回报率15%	总金额（元）
31	1	1000	12000	1.15	13800
	2	1000	25800	1.15	29670
	3	1000	41670	1.15	47921
	4	1000	59921	1.15	68909
	5	1000	80909	1.15	93045
40	10	1000	243645	1.15	280191
	11	1000	292191	1.15	336020
	12	1000	348020	1.15	400223
	13	1000	412223	1.15	474056
	14	1000	486056	1.15	558965
	15	1000	570965	1.15	656610
	16	1000	668610	1.15	768901
	17	1000	780901	1.15	898036
	18	1000	910036	1.15	1046542
	19	1000	1058542	1.15	1217323
50	20	1000	1229323	1.15	1413721
	21	1000	1425721	1.15	1639580
	22	1000	1651580	1.15	1899317
	23	1000	1911317	1.15	2189014
	24	1000	2210014	1.15	2541516
55	25	1000	2553516	1.15	2936544
	26	1000	2948544	1.15	3390825

	27	1000	3402825	1.15	3913249
	28	1000	3925249	1.15	4514036
	29	1000	4526036	1.15	5204942
60	30	1000	5216942	1.15	5999483

30岁的你，现在只需每个月投资1000元，30年后，也就是当你60岁时，就可以换来600万！600万，足够你和太太挽手乐享夕阳人生！

或许你会犯难：30岁，正是而立之年，你需要买房买车，筹备结婚等等，没有办法每个月攒下1000元，推迟10年，从40岁开始行不行？答案是，行，但是你将损失450万！

30岁开始每月1000元，投资30年，收益是600万，你知道40岁开始每月1000元，投资30年，收益是多少吗？1413721！只是推迟10年，你的收入相差至少450万！

时间，从来不等人，如果你从看到这本书开始，跟随顶级理财师规划你的财富人生，我相信，不用30年，10年后，你就可以从容面对人生，笑傲退休！

八道关卡，钱财无忧

开始之前，我们先来看一个流程图，以便有一个直观的全局观念。

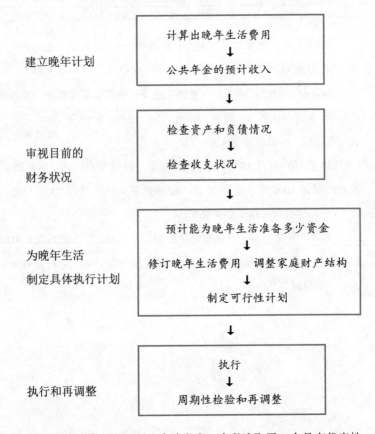

为了简单易懂，在下面八个阶段中，本书选取了一个具有代表性的人物——金东宪，以此为参考，可以更明确地建立自己的财富规划。

第一阶段 建立晚年生活计划——计算出晚年生活费用

　　第一阶段要根据您目前的年龄、预计退休年龄、预计寿命（包括伴侣）等算出晚年时间，再预计一下晚年生活的月生活费为多少，最后便可得出退休后的晚年生活到底需要多少资金。

　　金东宪假设自己能活到85岁，由于韩国女子的平均寿命要比男子高7岁，因此妻子的寿命被设定为92岁，金东宪夫妻的晚年时间是指两人共同生活的25年（2040年～2064年）加上妻子独自生活的10年（2065年～2074年），共计35年，由于金东宪死亡后妻子一个人的生活费要比夫妻俩一起时的生活费少50%，因此可以将晚年生活时间计算成30年（25年×1+10年×0.5）。

我的晚年生活费是多少？

分类		计算方式	举例		自己	
			金东宪	妻子	主要收入者	伴侣
A	现在年度（年龄）		2014年（35）	2014年（32）		
B	退休年度（年龄）		2039年（60）	2019年（37）		
C	死亡年度（年龄）		2064年（85）	2074年（92）		
D	剩余工作时间	D=B-A	25年	5年		
E	晚年生活时间 *	E=C-B（主要收入者）	25年	35年		
F	单独生活时间	中大数值 - 小数值	0年	10年		
G	晚年生活费的反映系数 **		1	0.5		
H	晚年生活费的计算时间 ***	夫妻晚年生活时间计算标准	30年			
I	晚年生活费（以现在的价值计算）		每月 12000 元			

＊金东宪妻子晚年生活时间为"2074年 -2039年（金东宪退休时）"。

＊＊夫妻共同生活时的费用系数若定为1，单独生活则系数为原先的一半。

＊＊＊（夫妻共同生活时间 ×1）+（独自一人生活时间 ×G）=（25×1）+（10×0.5）

第二阶段 建立晚年计划——公共年金的预计收入

以金东宪为例，他一开始曾预想自己从 65 岁起，也就是 2044 年开始每月能拿到 6000 元的国民年金，但是后来在制定计划时，将自己的国民年金收入修改为 3000 元。

在明确了公共年金的数额后，我们再来计算一下晚年生活还需要多少的资金。如果有和公共年金功能类似的养老保险，我们还是按以上方法计算。

金东宪准备按晚年月生活费 12000 元的标准来准备资金，由于扣除了预计每月入手的养老金 3000 元，只需按每月 9000 元的标准来准备即可，以现在的物价标准来计算，整个晚年生活需要 320 万元，如果再将 3.0% 的物价上涨率考虑在内，25 年后就得有 680 万元，也就是说金东宪要想晚年生活水平与自己的愿望相符，就必须在 60 岁时身上的积蓄达到 680 万元。

需要为晚年生活准备多少资金？（单位：元）

	分类	计算方式	举例		自己	
			金东宪	妻子	主要收入者	伴侣
H	晚年生活费的计算时间	夫妻标准	30 年			
I	晚年生活费（以现在的价值计算）		每月 12000			
J	公共年金预计收入（以现在的价值计算）		每月 3000			
K	养老保险					
L	需要准备的晚年生活资金	L=I−J−K	每月 9000			
M	晚年生活资金（以现在的价值计算）	M=L×12×H	3240000			
N	假想的物价上涨率		3.0%			
O	物价上涨倍数	参照复利表	2.094			
P	晚年生活资金（以未来的价值计算）	P=M×O	6784560			

复利效果表

	1	2	3	4	5	6	7	8	9	10
2%	1.020	1.040	1.061	1.082	1.104	1.126	1.149	1.172	1.195	1.219
3%	1.030	1.061	1.093	1.126	1.159	1.194	1.230	1.267	1.305	1.344
4%	1.040	1.082	1.125	1.170	1.217	1.265	1.316	1.369	1.423	1.480
5%	1.050	1.103	1.158	1.216	1.276	1.340	1.407	1.477	1.551	1.629
7%	1.070	1.145	1.225	1.311	1.403	1.501	1.606	1.718	1.838	1.967
10%	1.100	1.210	1.331	1.464	1.611	1.772	1.949	2.144	2.358	2.594
15%	1.150	1.323	1.521	1.749	2.011	2.313	2.660	3.059	3.518	4.046
20%	1.200	1.440	1.728	2.074	2.488	2.986	3.538	4.300	5.160	6.192

＊将复利效果表里的数值减去 1 即为增加值，比方说以 10% 的利率，8 年后数值为 2.144，由本金（1）＋收益（1.144）所构成。

＊若要计算超过 10 年的复利，以 10 年为一个单位，将 10 年的复利收益率相乘，再乘以剩余时间的复利。

（例：25 年后的 3% 复利 ＝1.344×1.344×1.159＝2.094）

第三阶段 审视目前的资金状况——检查资产和负债情况

在计算出晚年生活需要多少资金后，下一步就是要搞清楚自己的资产、负债和净资产情况，您可以根据下表自己计算出您目前的净资产为多少。

分类		金东宪			自己		
		当前价值	收益率	退休时价值①	当前价值	收益率	退休时价值
资产	居住房地产	230	3%	480			
	投资房地产						
	租房保证金		0%				
	银行储蓄	5.7	4%	15			
	储蓄型保险②						
	基金						
	股票						
	汽车③	10	4%	27			
	贵重金属等						
	其他						
	合计	245.7		522			
负债	住房抵押贷款	120		0			
	租房保证金						
	信用贷款						
	分期付款额④	1.05		0			
	私人债务						
	其他						
	合计	121.05					
净资产		124.65		522			
为晚年生活准备的净资产⑤		15.7		27			

①退休时的预计价值，按照复利表的复利系数计算得出。（例：230×2.094=481.62）

②单纯保障性保险（不会返还保险金的保险）不能划归为资产，保险期限截止后可以返还保险金的保险才能算作资产。

③不是正在使用的汽车，是准备出售的汽车。

④以金东宪为例，指的是还剩余1.05万的汽车分期付款额。

⑤为晚年生活准备的净资产是指从目前资产中分离出来的纯粹为晚年生活所使用的资金，以金东宪为例，银行存款和汽车出售收入可以作为晚年生活的净资产，但是居住房地产除外。

＊收益率只是指纯粹的资产增值收益率，因资产而产生的收入（租金、利息等）不会体现在资产收益率中。

＊如果有些资产没有复利效果，就按照单利（收益率×年数）来计算未来价值。

第四阶段　审视目前的财务状况——检查总收入和总支出状况

在下表劳动者平均和自我的对比中，每个项目的支出比例要比绝对金额更为重要。与劳动者平均值一比较，就能轻易发现自己哪个项目的支出有过多倾向，尤其当发现自己的储蓄能力低于平均水平时，一定要找到其中的原因。

我现在挣多少？花多少？（单位：元）

项目	我		劳动者平均	
	支出	比重	支出	比重
工资收入			14500	84.9%
创业／副业收入			680	4.0%
其他收入			1900	11.1%
合计			17080	100.0%
储蓄／保险			4338	25.4%
小计（A）			4338	25.4%
伙食费			3478	20.4%
居住／水电费			847	5.0%
生活用品费			567	3.3%
服装／鞋子费			567	3.3%
医疗费			621	3.6%
教育费			1646	9.6%
文化生活费			683	4.0%
交通／车辆费			2306	13.5%
通讯费				
贷款			2029	11.9%
红白喜事礼金／其他				
税金等				0.0%
小计（B）			12744	74.6%
合计（A+B）			17082	100.0%

第五阶段　审视目前的财务状况——检查储蓄能力

我1年能存多少钱？（单位：元）

	分类	计算方式	金东宪	自己
A	年储蓄总额		42000	
B	用于应对晚年生活的年储蓄额		21000	
C	与住房相关的年储蓄额		7000	
D	用于子女教育的年储蓄额		14000	
E	用于子女结婚的年储蓄额			
F	其他年储蓄额			
G	为晚年生活进行储蓄的时间		25 年	
H	年收益率		10.0%	
I	复利系数	参照累计复利表	108.2	
J	晚年生活资金（未来值）	J=B×I	2272200	

*为了举例方便，将金东宪的当前储蓄额视为每年的储蓄额度。

累计复利效果表（每年单位复利）（单位：元）

	5 年	10 年	15 年	20 年	25 年	30 年	35 年	40 年
2%	5.31	11.17	17.64	24.78	32.67	41.38	50.99	61.61
3%	5.47	11.81	19.16	27.68	37.55	49.00	62.28	77.66
4%	5.63	12.49	20.82	30.97	43.31	58.33	76.60	98.83
5%	5.80	13.21	22.66	34.72	50.11	69.76	94.84	126.84
7%	6.15	14.78	26.89	43.87	67.68	101.07	147.91	213.61
10%	6.72	17.53	34.95	63.00	108.18	180.94	298.13	486.85
15%	7.75	23.35	54.72	117.81	244.71	499.96	1013.35	2045.95
20%	8.93	31.15	86.44	224.03	566.38	1418.26	3538.01	8812.63

＊如果每年定期存入金额，根据收益率和时间就可以计算出总储蓄额和收益的合计额。

＊复利表上的数字为每年储蓄额的倍数，其中囊括了本金。比方说以 10% 的年收益率，每年存入 100，20 年后复利表上的数字为 63.00，这就意味着 20 年后的总收入为 6300（100×63.00，包含了 2000 的本金）。

第六阶段　确认晚年生活资金的可能额度

至此，我们已经搞清楚了晚年生活需要多少资金、养老金收入期待值、资产和负债情况、收支状况、储蓄能力，现在就将这些数字汇拢在一起，对于晚年生活准备情况和目标达成可能性进行一下评估。

我的晚年生活准备情况和目标达成可能性（单位：万元）

	金东宪	自己
晚年生活所需的资金（未来值）	653	
为晚年生活准备的净资产（未来值）	27	
为晚年生活准备的储备金（未来值）	230	
资金缺口（未来值）	-396	

第七阶段 为晚年生活制定可行性计划

最终计算出的结果无非两种，一种是已经为自己的晚年生活筹集了足够的资金，一种是还缺少一部分资金。

大致有三个办法可以补足晚年资金的缺失部分。

第一个办法是提高储蓄能力，大幅缩减当前的支出或增加收入都可以提高储蓄能力。首先，如果产生费用的资产过多或者消费的水平过高，我们就要果断地对资产结构进行调整。将每月的开支降到最少也还不能凑齐晚年生活资金，若是这种情况，就要寻找提高月收入的方法（兼职或副业等），要不然就延长自己的劳动时间，由于劳动时间的延长必然带来晚年时间的缩短，所以通过这种方式也可以缩减晚年资金的规模。

第二个办法是将不能产生利润且会产生费用的资产处理掉，以此来获取资金。比方说将高级轿车卖掉后购入小型车，或者迁至面积更小的住宅内，通过这些方式都可以获得一部分资金。

最后一个办法是提高收益率。购入一些高回报的投资产品可以增加未来的储蓄额，但是如果您至今在理财的道路上还未有成功记录，想提高收益率就一定要得到专家的帮助。

第八阶段 执行和周期性再调整

制定完晚年生活应对计划后，我们要通过执行来验证计划是否合理。如果所有的一切都能按照计划一一得以完美呈现，那我们的生活就变得轻松多了，但谁都知道这是不可能的，如果在执行过程中发现有与计划不符的地方，我们就必须找到问题的原因，再加以解决，对于原先的计划同样也有再调整的必要。

　　说到这里，相信您对于自己的晚年规划已经有了一个大概的轮廓。希望您能根据自己的年龄和实际情况制定出一个合理的晚年生活应对方案，并通过对方案的执行，在实践中不断地加以修正。